【现代农业科技与管理系列】

智慧农业
应用场景

主　　编　辜丽川
编写人员　饶　元　金　秀　焦　俊　许高建
　　　　　吴国栋　叶　勇　辜丽川

时代出版传媒股份有限公司
安徽科学技术出版社

图书在版编目（CIP）数据

智慧农业应用场景 / 辜丽川主编. --合肥：安徽科学
技术出版社，2021.12

助力乡村振兴出版计划. 现代农业科技与管理系列

ISBN 978-7-5337-8549-9

Ⅰ. ①智… Ⅱ. ①辜… Ⅲ. ①信息技术-应用-农业
Ⅳ. ①S126

中国版本图书馆 CIP 数据核字（2021）第 267775 号

智慧农业应用场景　　　　　　　　　　　　　主编　辜丽川

出　版　人：丁凌云　选题策划：丁凌云　蒋贤骏　余登兵　责任编辑：王菁虹

责任校对：沙　莹　责任印制：梁东兵　　　　　　　　装帧设计：王　艳

出版发行：时代出版传媒股份有限公司　http://www.press-mart.com

安徽科学技术出版社　http://www.ahstp.net

（合肥市政务文化新区翡翠路 1118 号出版传媒广场，邮编：230071）

电话：（0551）63533330

印　　　制：合肥华云印务有限责任公司　　电话：（0551）63418899

（如发现印装质量问题，影响阅读，请与印刷厂商联系调换）

开本：720×1010　1/16　　印张：8.5　　字数：123 千

版次：2021 年 12 月第 1 版　　2021 年 12 月第 1 次印刷

ISBN 978-7-5337-8549-9　　　　　　　　定价：30.00 元

出版说明

"助力乡村振兴出版计划"(以下简称"本计划")以习近平新时代中国特色社会主义思想为指导,是在全国脱贫攻坚目标任务完成并向全面推进乡村振兴转进的重要历史时刻,由中共安徽省委宣传部主持实施的一项重点出版项目。

本计划以服务区域乡村振兴事业为出版定位,围绕乡村产业振兴、人才振兴、文化振兴、生态振兴和组织振兴展开,由《现代种植业实用技术》《现代养殖业实用技术》《新型农民职业技能提升》《现代农业科技与管理》《现代乡村社会治理》五个子系列组成,主要内容涵盖特色养殖业和疾病防控技术、特色种植业及病虫害绿色防控技术、集体经济发展、休闲农业和乡村旅游融合发展、新型农业经营主体培育、农村环境生态化治理、农村基层党建等。选题组织力求满足乡村振兴实务需求,编写内容努力做到通俗易懂。

本计划的呈现形式是以图书为主的融媒体出版物。图书的主要读者对象是新型农民、县乡村基层干部、"三农"工作者。为扩大传播面、提高传播效率,与图书出版同步,配套制作了部分精品音视频,在每册图书封底放置二维码,供扫码使用,以适应广大农民朋友的移动阅读需求。

本计划的编写和出版,代表了当前农业科研成果转化和普及的新进展,凝聚了乡村社会治理研究者和实务者的集体智慧,在此谨向有关单位和个人致以衷心的感谢!

虽然我们始终秉持高水平策划、高质量编写的精品出版理念,但因水平所限仍会有诸多不足和错漏之处,敬请广大读者提出宝贵意见和建议,以便修订再版时改正。

本册编写说明

　　智慧农业是集互联网、云计算和物联网技术为一体,依托各种传感节点和无线通信网络实现农业生产、流通、销售环境的智能感知、智能预警、智能决策、智能分析,为农业全产业链提供精准化种植、可视化管理、智能化决策,是现代农业生产的高级阶段。本书从智慧大田、智慧果园、智慧畜牧、智慧大棚、农产品电子商务、农产品智慧物流与溯源六方面系统地介绍了智慧农业相关应用场景。本书具有以下编写特点:

　　(1)本书作者长期从事智慧农业相关教学、科研及推广工作,积累了丰富经验,部分编写内容直接来自教学及研究实践。

　　(2)每章节都配有精心选用的图表,用以帮助读者更好地理解和掌握智慧农业不同应用场景相关知识点。

　　(3)各应用场景内容编写由浅入深、循序渐进、层次分明,语言讲解通俗易懂、重点突出,有利于读者后续深入进行智慧农业相关理论学习及实践。

　　本书由辜丽川担任主编。全书共分为六章,第一章由饶元编写,第二章由金秀编写,第三章由焦俊编写,第四章由许高建编写,第五章由吴国栋编写,第六章由叶勇编写。全书由辜丽川统稿并定稿。

　　本书可供智慧农业相关从业人员、智慧农业管理者及研究者阅读和参考,也可作为高等院校智慧农业相关专业参考书。本书在编写过程中,得到了安徽农业大学相关部门的大力支持和热情帮助,安徽科学技术出版社对本书的出版给予了大力支持,在此表示衷心的感谢! 同时,编者参阅了一些智慧农业相关书籍和网络资源,在此,对它们的作者和提供者一并表示衷心的感谢!

目　录

第一章　智慧大田种植 ……………………………………… 1

第一节　智慧大田种植概述 ……………………………… 1

第二节　智慧大田种植总体框架与技术 ………………… 8

第三节　智慧大田种植应用案例 ………………………… 18

第二章　智慧果园种植 …………………………………… 27

第一节　智慧果园种植概述 …………………………… 27

第二节　智慧果园总体框架及技术 …………………… 32

第三节　智慧果园种植应用案例 ……………………… 34

第三章　智慧畜牧养殖 …………………………………… 41

第一节　智慧畜牧的主要技术 ………………………… 41

第二节　智慧畜牧发展趋势 …………………………… 51

第四章　智慧大棚种植 …………………………………… 54

第一节　智慧大棚系统概述 …………………………… 54

第二节　智慧大棚系统整体框架及技术 ……………… 58

第三节　智慧大棚系统应用案例 ……………………… 64

第五章　智慧农业之农产品电子商务 …………………… 72

第一节　农产品上行的基础性工作 …………………… 72

第二节　农产品电商主要步骤 ………………………… 74

第三节　移动电商与社交电商 ·························· 98

第六章　智慧农业之智慧物流与农产品溯源 ·········· 101
第一节　农产品溯源及其主要技术 ··············· 101
第二节　农产品溯源应用案例 ··············· 115

第一章 智慧大田种植

▶ 第一节 智慧大田种植概述

一 智慧大田种植内涵

大田种植是指在大片田地中种植作物,具有露天种植、生产面积大等特征。主要业务环节包括耕地、育种选择、播种、浇水施肥、病害防治和作物收割等。随着新兴智能技术和信息技术的快速发展,使得在大田种植中利用智能农机装备代替人工成为可能(图1-1)。

图1-1 智能农机装备

智慧大田种植是以信息化和智能化为核心,通过物联网、无线传感、智能组网、云计算、大数据、区块链、人工智能和智能农机装备等现代智能技术和设备,与大田生产深度有机融合,实现农业生产过程中的信息感知、实时监测、精准决策、自动化控制、远程操控等全新的大田生产方式,是农业发展的智能化阶段。

现代科技信息技术是第一生产力,通过与大田种植的各种生产力和生产方式相融合,大大提高了大田种植的生产效率,有效增强从业者的决策和管理的智能化水平。农民可实时获取大田环境信息和作物生长信息,远程控制智能农机装备,根据智能推荐进行决策,实现大田种植生产的智能化、信息化和精确化。

(二) 智慧大田种植发展过程

农业是第一产业,其中大田种植是最广泛、最普遍的农业生产方式。随着科学技术的不断发展,世界大田种植产业的发展已经经历了三次产业革命,随着人工智能技术的兴起,大田种植产业也迎来了第四次产业变革,如图1-2所示。

大田种植1.0	大田种植2.0	大田种植3.0	大田种植4.0
传统化	**机械化**	**信息化**	**智能化**
人力、畜力劳动,依靠经验进行决策,生产规模小、效率低、人工成本高、管理方式落后,有"靠天吃饭"的特点。	联合收割机、拖拉机等机械化装备代替人力,大幅提高劳动效率,缓解劳动力不足和人工成本高的问题。	采用现代信息化技术,监测大田环境数据、作物生长状态,提供可视化数据图,为农民提供决策参考。	采用大数据、人工智能技术智能分析数据,并控制智能农机装备自主作业,具有高效、快速、智能、精确的特点。

图1-2 大田种植发展过程

传统化的大田种植1.0中,以人力和畜力劳动为主,依靠经验来判断耕种收的时机、进行决策,生产规模小、效率低、人工成本高、管理方式落后、决策水平低下、精准率不足,有典型的"靠天吃饭"特征,无法对灾害做出预警和及时处理与防控,严重制约大田种植产业的发展,影响农民的经济效益。

机械化的大田种植2.0中,大规模采用机械化装备劳作,采用机械化的联合收割机、拖拉机等装备代替传统的人力和畜力,大幅度提升大田种植的作业速度和效率,缓解农村人口流失、劳动力短缺和人工成本高等问题,促进了农村经济发展,提高了农民收入。

信息化的大田种植3.0中,采用现代信息化技术,监测大田中空气温度和湿度、土壤温度和湿度、光照强度、作物生长状态等数据,并在手机等移动设备上可视化展示,为农民的决策提供参考,使农业生产变得科学化,解决了过去大田种植生产中没有信息数据作参考所导致的资源浪费、决策不精准等问题。

近年来,随着人工智能技术的发展,智能化的大田种植4.0开始兴起,逐渐形成了智慧大田种植产业。以物联网、大数据、云计算和人工智能等技术为支撑,在实时监测大田种植的环境数据和作物生长数据的同时,对数据进行科学分析,智能地为农民提供决策指导。将网络通信、电子计算机控制、卫星遥感导航技术和人工智能决策等现代智能技术应用到大型联合收割机、植保无人机等智能农机装备上,实现联合收割机的自动避障、自主作业、自动规划路径、自动导航、智能精准耕种收、实时传递转发作业数据等自动化智能化农业装备作业,植保无人机的实时监测、精准识别作物病害与生物害虫、自主寻路、自动定点喷洒农药等智能化农业辅助生产。通过大量的智能化、自动化技术,更加精准地为大田种植生产提供决策、自主作业,提高了作业速度和效率,保证了农产品的质量,减少了人工成本,从而提高农民的收入。

三）智慧大田种植发展趋势

随着全面建成小康社会和全面脱贫的战略目标完成,我国特色社会主义建设进入"十四五"时期,这是我国到2035年基本实现社会主义现代化远景目标和农业农村现代化战略目标的第一个五年。新时代、新环境对智慧农业和智慧大田种植的发展与应用提出了更高的要求。智慧大田种植的发展需加快推进大田种植产业智能化转型,将智能技术、智慧装备落到实处,真正走进农户的生产生活中去,提高农业生产质量和效率,提高农民收入和整体素质,改善农村生活水平,为乡村振兴战略提供源源不断的新动能。

为贯彻落实"保供给、促升级、提效益、可持续"的发展理念,我国智慧大田种植主要围绕三大战略目标进行布局。

(1)信息化管理。通过物联网、大数据和人工智能技术,实时监测和采集大田种植的环境数据与作物生长数据,基于数据进行智能分析,将分析结果转化为指令,转发给智能农机装备和大田管理者,实现信息自动处理和人工可控,提高农民的管理决策水平。

(2)智能机械化作业。通过智慧农业装备、微型计算机控制系统的研发与应用,基于数据管理分析系统的数据和指令,实现农机装备智能控制、自动精准的耕种收作业,加速提升大田种植作业速度和效率。

(3)安全性可控。保证核心技术和产品自主研发、自主生产,着重解决技术短板,摆脱产品原材料、生产技术、生产流水线和体系对进口的依赖,确保智能农机装备的安全性自主可控。构建网络数据安全传输体系,研发新一代数据加密算法,保障云端数据库存储的安全可靠,确保国家大田种植生产大数据的保密性。

智慧大田种植方案的实施与落实,需要紧密围绕图1-3所示的重点任务展开。

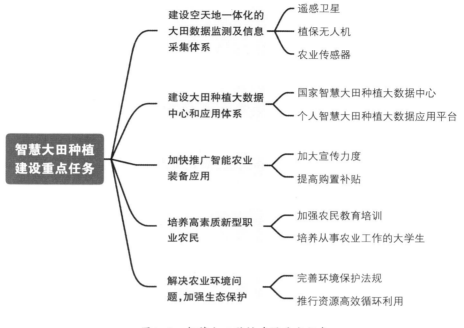

图1-3　智慧大田种植建设重点任务

（1）建设全面协同的空天地一体化大田数据监测及信息采集体系。在大田种植的各个主要环节进行数据实时监测。在太空中,利用卫星遥感系统、卫星地理信息系统、卫星多光谱高分辨率相机;在空中,采用植保无人机进行实时监控;在地面上,部署农业物联网系统、无线传感器网络、农机车载传感设备。空天地设备相结合,大幅提升对大田种植生产的全过程、全方位的监测能力,为精确性、定量性的大田种植生产过程和大田资源环境监测与利用提供可靠且强有力的支撑手段。

（2）建设国家和个人的大田种植大数据中心和应用体系。以标准化设计、专业化建设、分布化存储、统一化管理、安全化保证为目标,建设高效的、安全的、可靠的国家智慧大田种植大数据中心,汇总全国大田种植生产数据并统一管理。开放提供给个人用户使用的智慧大田种植服务接口,建设地区性、针对性、产业性的个人智慧大田种植大数据应用平台,

实现大田种植产业从业者对智慧大田种植信息化数据、智能化方案的自主管理。

（3）加快智慧大田种植智能装备的推广与应用。对大田种植产业中人工劳动作业较多的部分，加速发展智能农业装备的研发与使用。制定"智能装备代替人力"的相关政策举措，并加大宣传力度。提高购买与使用智能农业装备的国家财政补贴，完善国家扶持智慧大田种植产业体系，降低申请购置补贴资金的高门槛，简化复杂的申请购置补贴资金流程，带动农民购买与使用智能农业装备，使各村各户都能"用得起、用得上"。

（4）培育新型职业农民。建设农民教育培训体系，以高素质、硬技能、新思想为目标，将新时代的新型农民作为我国发展现代化农业的中流砥柱与不可或缺的力量。吸引农民走进课堂，采用"务农学习两不误"的方式，以附近职业学校的教育资源为基础，农民农闲期间在当地的中等职业学校就读。加强全国农业类全日制高等院校建设，大力推进农业一流学科和一流学校建设，增加教育经费，不断深化教学内容和教学方案改革，培养具有强大的农业知识、丰富的农耕经验、长远的战略眼光、卓越的创新能力的农业人才。积极推动学校开展农业实践，与当地农场展开深度合作，建设教学实践基地，使学生能真正参与到农业劳动中、积累农业生产经验，引导新时代的有志青年投身现代化农业农村建设。

（5）解决农业环境问题，加强生态保护，推行资源高效循环利用。完善保护农业的相关政策法规法案，确保农业资源环境破坏问题得到整体遏制。实施解决环境问题相关措施，减少化学农药使用，加大废弃资源循环利用，采取轮作、休耕、退耕、代替种植等多种措施，治理重金属污染、土地荒漠化、土地盐碱化、水土流失等问题。增发生态环境资源保护补贴专项资金，加大生态保护工程宣传力度。

在"十四五"期间，为推动智慧大田种植产业向高质量发展转型，推动智能农机装备走向全面全程快速升级,开辟中国特色社会主义智慧农业发展道路,为农业农村现代化提供强有力的保障,未来的智慧大田种植产业应重点发展无人大田。在劳动力不进入大田的情况下,通过对设施、装备、机械等远程控制、全天候全程自动控制或机器人自主作业,完成所有农场生产。所有作物的生长环境、生长状态、各种作业装备的工作状态受到24小时全天候监测,并根据监测信息开展农场作业与管理。装备之间可通过通信和识别,完成自主对接,极大地解放人工生产力。

(四) 智慧大田种植面临挑战

我国智慧大田种植产业及相关技术起步较晚,缺少对科学技术理论体系的研究和实际生产应用经验,同时也受到传统思想观念方面的制约,面临着种种严峻的困难和挑战。

(1)缺乏智慧大田种植技术标准化体系。当前智能农机装备和相关科学技术的标准化工作尚未建立科学的、系统的理论框架指导体系,导致智慧大田种植产业相关标准较为模糊、部分规定之间交叉重复、配套性较差。亟须建立一个科学的、完整的、统一的、协调的智慧大田种植产业标准化体系,指导未来的智慧大田种植产业与相关技术的发展应用工作。

(2)智能农机装备科技创新能力不强。自研性科技成果较少,技术与实际装备之间的融合不够紧密,关键核心技术的自给率较低,基础理论的研发仍处于初级阶段,对进口产品和技术的依赖程度较高,尤其是高端、大型、新兴的智能装备仍被国外品牌占据。

(3)投入生产应用的智能农机装备数量不足。当前全国农业机械标准化技术委员会发布的农业机械国家标准有324项,行业标准有288项,但智能农机装备标准仅占其中的11%和10%,远不及智慧大田种植产业

快速发展和推广的需求。即使在这些少量的标准中,质量要求也是参差不齐。实际应用中使用的智能农机装备数量少、生产制造方案没有规范统一、新产品研发缓慢,亟须加大研发资金投入、加快制造生产高水平高质量的智能农机装备。

▶ 第二节　智慧大田种植总体框架与技术

一　智慧大田种植总体框架

智慧大田种植是针对农业大田种植面积大、作物种类多、监测困难等特点,采用多种现代化信息技术对大田种植作业进行管理,其总体框架如图1-4所示。

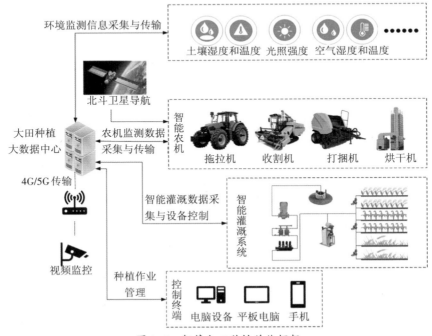

图1-4　智慧大田种植总体框架

（1）环境监测信息采集与传输。使用传感器设备采集大田种植农作物的土壤湿度和温度、光照强度、空气湿度和温度、二氧化碳浓度等数据，再将这些数据传至数据中心，分析作物生长情况并采取措施；使用风速、风向等传感器设备收集气象信息，通过数据中心分析这些信息与正常值的差距，并及时采取防范措施。

（2）智能农机设备的使用。农业机械与北斗卫星导航系统的结合实现了农机智能化，无须人工操作机器，只需事先设置好机器运作路线，农机就会代替人工去完成耕种、收割、打药等环节。此外，农机在工作的同时会监测数据，将作物状态和土壤情况传至数据中心分析数据，对本次产量进行评估和下一次种植进行智能规划。

（3）视频监控。大田种植区域面积大、监测点多，所以摄像头的数量多分布广，摄像头对大田种植区域实时监控，并将图像或视频传输至大数据中心，实时得到农作物生长信息，在监控中心或移动端实时观看作物的生长情况。

（4）智能灌溉设备的使用。对大田作物灌溉是个庞大的任务，若仅靠人工灌溉，耗时耗力；智能灌溉设备的使用不仅大大节省了时间，而且实现了合理灌溉与节水灌溉。智能灌溉设备通过检测土壤养分和水分含量，将检测信息传输给数据中心，数据中心得出灌溉时间，传至智能灌溉设备。

（5）控制终端。控制终端为PC端、手机端等，通过控制终端不仅可以实时看到大田种植作物实时信息，还可通过控制终端远程指导农机操作和大田灌溉。

（二）智慧大田种植建设内容

我国现在的农业生产模式正处于家庭联产承包责任制向大田种植模式的过渡阶段，大田种植模式是我国现代农业的发展方向。智慧大田

种植运用物联网技术、网络通信技术、人工智能技术等现代信息技术,实现对农田管理、土壤监测、作物长势监测、病虫害预测和防治等功能。智慧大田种植建设内容如图1-5所示。

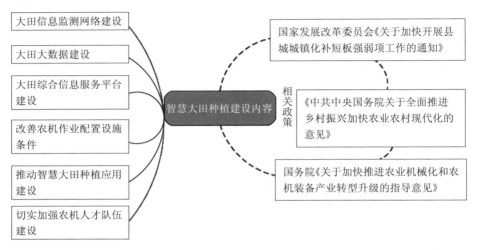

图1-5 智慧大田种植建设内容

（1）大田信息监测网络建设。推动新型基础设施建设,增加5G网络规模,在大田区域推进5G基站建设,优化部分薄弱地区4G网络覆盖;在重要农作物区域建设视频监控网络,实时监测作物生长状态。

（2）大田大数据建设。建设耕种、播种、收获等一体化大数据平台,记录分析农作物生长过程和实时监测环境数据,为大田种植制定一系列有效管理方案,推进农业的高效发展。

（3）大田综合信息服务平台建设。建立综合的大数据服务云平台,将大田作物生长信息、实用技术进行集成建设,通过各种通信渠道全面、高效、快捷地为广大农民提供交互式的信息服务。

（4）改善农机作业配置设施条件。根据相关政策,进一步规范中央财政农机购置补贴政策实施工作,加强农机智能化的建设。探索农机产品研发、生产、推广新模式,持续提升农机作业效率。

（5）推动智慧大田种植应用建设。促进物联网、大数据、人工智能、卫星导航定位等现代信息技术在农机装备和农机作业上的应用,建设大田种植精准化、智能化生产基地,提高农机作业质量与效率,将其应用到农机作业监测、无人农场等信息化服务平台。

(6)切实加强农机人才队伍建设。鼓励培养农机装备研发人员和农机装备制造技术人员,加强基层农机推广人员岗位技能培养和知识学习,鼓励开展多方位、多层次的农机人才国际交流合作,从而加强农业机械化技术创新研究和农机装备的研发、推广与应用。

三 智慧大田种植主要技术

智慧大田种植以先进的物联网、大数据、人工智能和遥感技术等信息技术为基础,对大田作物进行长期监测、远程控制、数据收集与管理,最终实现改善作物产量和质量、节水节肥、智能种植的目的。大田农作物种植与管理过程中,种植技术的选择与运用起到了关键作用,图1-6为智慧大田种植的主要技术组成。

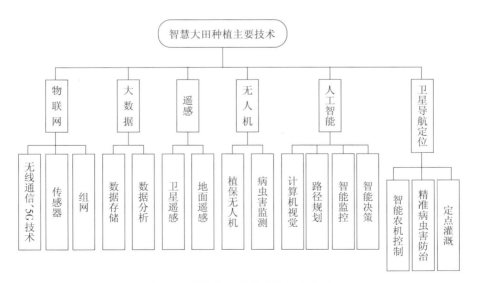

图1-6 智慧大田种植主要技术组成

1.物联网技术

物联网(Internet of things,IoT)指通过二维码识别设备、射频识别装置、红外感应器、全球定位系统和激光扫描器等信息传感设备,按约定的协议,把任何物品与互联网相连接,进行信息交换和通信,以实现智能化识别、定位、跟踪、监控和管理的一种网络。目前,物联网被多个领域广泛使用,比如智慧农业、智能家居、智能电网、办公自动化等。在大田种植中,物联网技术在信息采集与交换、无线通信、视频监控等方面运用,如图1-7所示。

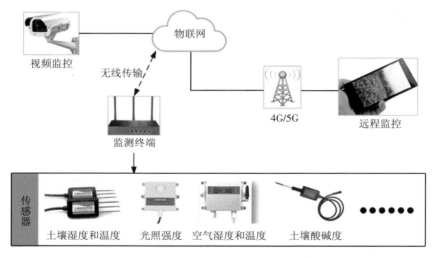

图1-7 物联网技术

(1)全面感知环境的传感器技术。传感器具有稳定、价格低廉等优点,在大田种植中被广泛应用。农民使用各种传感器采集土壤湿度和温度、pH、二氧化碳浓度和光照强度等信息,并将信息及时反馈回数据中心,以帮助农民及时发现问题。

(2)无线通信、5G等信息传输技术。可将传感器设备采集的环境感知信息实时传输至云端存储设备。通过大数据技术对数据进行分析处理,便于农民及时观察农作物情况、及时反馈信息,使大田种植的管理更加智能化、技术更加精准化,促进现代农业的高效发展。

（3）多个传感器之间相互通信的组网技术。大田种植土地面积大，涉及的作物种类多。通过组网技术，将传感器之间相互连接，进行数据交互与长距离传输数据。大田种植户只需在工作室内即可掌握大田湿度和温度、光照强度等数据，有效地降低了成本，提高了农作物产量。

2. 大数据技术

大数据技术旨在分析、处理和提取来自极其复杂的大型数据集的信息。在大田种植管理中，使用大数据技术处理耕地、播种、施肥、杀虫、收割、存储、育种等环节所产生的全部数据，通过数据分析和监测获取有价值的数据信息，用于农业的高效生产管理中，如图1-8所示。

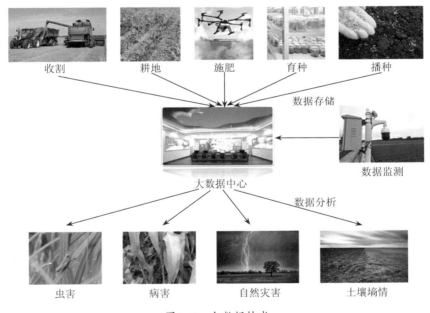

图1-8　大数据技术

（1）监测数据存储技术。在云端存储传感器采集的不同时刻的大量环境数据和作物生长数据，可为农民查询历史信息提供数据基础，提高农民对环境变化趋势的预测能力、对作物生长趋势的判断能力。

（2）监测数据分析技术。基于存储的环境数据和作物生长数据，使用大数据技术对农田气候、自然灾害、病虫害、作物长势等进行分析，向农民展示天气变化规律、灾害情况、作物生长规律,预测未来几天内天气、虫害等信息,并判断传感器采集的实时数据是否存在异常,帮助种植者获取有价值的农业数据,从而提供决策参考。

3.遥感技术

所谓遥感技术,就是在一定距离以外不直接接触物体而通过该物体所发射和反射的电磁波来感知和探测其性质、状态和数量的技术。遥感技术是大田种植过程中获得田间数据的重要来源,已成为农业现代化不可或缺的一部分,如图1-9所示,在大田种植中运用的主要有卫星遥感和地面遥感。

地面遥感　　　　　卫星遥感

图1-9　遥感技术

(1)卫星遥感、地面遥感。以卫星、遥感高塔、遥感车为平台,对气象、灾情、大田地势、作物长势、大田生物覆盖区域等信息进行全方位、全天候、立体化的探测,为农作物监测、农业资源管理、天气预测、自然灾害与生物灾害预警提供数据基础。

(2)农民可采用遥感技术,获取气象变化遥感图,为未来的生产活动做出决策,选取更合适的时机进行播种、收割、晒谷等工作;获取极端天气和生物害虫分布的遥感图,及时进行保护作物、喷洒农药等操作;获取大田地势和农业资源分布的遥感图,帮助农民更好的掌握资源分布情况,高效地对资源进行配置。

4.无人机

无人机技术是利用无线电遥控设备和自备程序控制装置操纵不载

人飞机的应用技术。通过无人机可以进行植保、测绘、摄影和农林巡视，推动了农业生产，也更好地促进农业现代化发展。

（1）植保无人机结构见图1-10，其由飞行平台（固定翼、直升机、多轴飞行器）、导航飞控、喷洒机构三部分组成，通过地面遥控或导航飞控，实现大田喷洒作业。喷洒过程不受地形影响，喷药均匀，工作效率高，可用来喷洒药剂、种子、粉剂等，具有高效率、低成本、环保等优势特点，一次使用至少可以节约50%的农药使用量和90%的用水量，深受农民朋友的喜爱。

图1-10　植保无人机结构

（2）病虫害监测技术。通过在无人机上搭载高清数码相机、光谱分析仪、热红外传感器等设备，再利用人工设置航线，使其自主在大田上方飞行，拍摄农作物的生长情况，将画面传送回大数据中心，分析作物病虫害情况，再使用植保无人机对病虫害区域喷洒农药防治。

5. 人工智能

人工智能（Artificial Intelligence，AI）是研究、开发用于模拟、延伸和扩展人的智能的理论、方法、技术和应用系统的一门新的技术科学。在种植过程中，种植户利用人工智能对农作物进行培种育苗、智能种植、作物监控、土壤灌溉等操作，为农业生产提供精准指导，如图1-11所示。

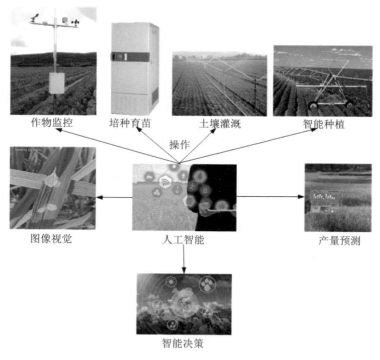

作物监控　　培种育苗　　　土壤灌溉　　　智能种植

操作

图像视觉　　　　　人工智能　　　　　产量预测

智能决策

图1-11　人工智能应用

（1）计算机视觉技术和智能监控技术。用摄影机和电脑代替人眼对目标进行识别、追踪和测量等操作，并进一步做图形处理。计算机视觉不仅可以得到静态植物的叶面积、茎秆直径、叶柄夹角等外部生长参数，还可以动态获取作物信息，观察作物生长的全过程。根据获得的作物生长状态数据进行分析，判断作物是否需要浇水、施肥、施药等。辅助农民进行生产作业，使大田作业更加高效精准。

（2）无人机作物病害识别和路径规划技术。采用目标检测技术分析无人机拍摄的大田作物中是否存在病虫害、存在何种病虫害。当定点喷洒农药时，可智能规划合理的无人机飞行路径，减少对多个地点喷洒农药时飞行路径距离，增加无人机工作时间，为农业生产提供便利。

（3）人工智能为大田种植提供智能决策技术。利用大量与农业相关的卫星图像数据，分析其与农作物生长之间的关系，从而对农作物的产量做出精确预测。大田种植的农业设备配备摄像头、全球定位系统和视频处理设备,为田间管理提供智能决策。

6.卫星导航定位

卫星导航定位(Satellite Navigation and position)是指采用导航卫星对地面、海洋、空中和空间用户进行导航定位的技术,常见的有美国 GPS 导航、俄罗斯 GLONASS 和我国北斗卫星导航等。见图 1-12。

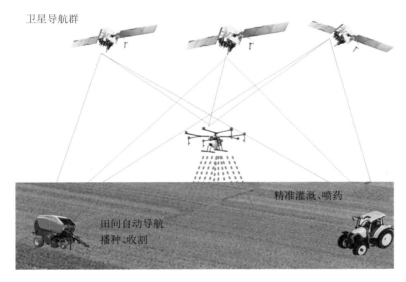

图 1-12 卫星导航定位

(1)基于北斗卫星导航系统和地理信息系统的智能农机控制技术。配备各种传感器,实时监控农机自身的状况、作业状态和作业情况,定位农机的实时位置,根据采集的信息及时调整工作状态,实现智能导航和路径规划,避免一些不良的工作环境,时刻确保自身正常的工作状态。

(2)无人机精准病虫害防治技术。通过卫星导航技术实时定位无人机位置和有病虫害作物的位置,给无人机提供飞行路线,并结合人工智能的路径规划技术,高效快速精准地喷洒农药,并在返回加药时能再次返回前一次喷洒到的位置,做到无重复和无遗漏喷洒。

(3)卫星导航定位为大田种植提供定点灌溉技术。将土壤水分温度

检测仪增加卫星导航定位功能,不仅可以测试土壤含水率,还可精确定位信息,可随时显示采样点的位置信息,实现精确的供水,提高农作物的产量和品质。

▶ 第三节 智慧大田种植应用案例

一 空天地一体化监测

空天地一体化监测运用卫星影像分析、大数据处理、多光谱监测模型、数值气象预报模型等先进技术构建大数据平台,为种植户提供一系列服务。实现对大田区域未来7天逐小时的精准气象预报,提前做好对天气变化的应对措施;实现对台风监测预报、大雾监测预报、高低温监测预报、强降水监测预报等服务。采用空天地一体化技术实现大田种植过程的设施化、装备化、自动化、智能化和精准化。见图1-13。

设备图片	设备功能	设备监督数据
	遥感卫星设备,在太空中探测大田地势,传送作物、农业资源的遥感图片,对天气和灾害做出预测	
	植保无人机,在大田上空飞行,监测作物生长状态,对遭受病虫害作物定点喷洒农药	
	农业传感器,部署在大田地面,监测空气温度和湿度、土壤温度和湿度等环境信息	

图1-13 空天地一体化大田数据监测

18

2015年12月,黑龙江省依安县利用卫星遥感、空中无人机航空拍摄、地面传感器监测,实现农业信息监测采集的自动化、精准化、数字化,成为全国首个实现"空天地一体化"立体全覆盖监测采集农业信息的县份。该县共建设109个地面信息采集网点,搜集气象环境、土壤环境、作物生长、病虫害预警四大类数据4 000余万条,实现了准确估算农作物的种植面积及结构,全面掌握县域发生的灾情、灾害发生状况、病虫害发生情况,科学合理地预测各类农作物产量。

二 智能灌溉

农业灌溉的发展经历了人力灌溉、水泵灌溉、滴灌和智能灌溉四个阶段,其中,智能灌溉系统是智能化和自动化发展的产物。智能灌溉通过工程设备手段精准灌水,同时正确地施用水溶性肥料,提高作物质量和产量,见图1-14。智能灌溉系统自带土壤湿度传感器,实时监测土壤中的水分信息,系统可自动打开灌溉设备对农作物进行灌溉。智能灌溉的整个过程不需要人力管理,通过土壤湿度的变化实现自动、合理灌溉,改善农作物环境。

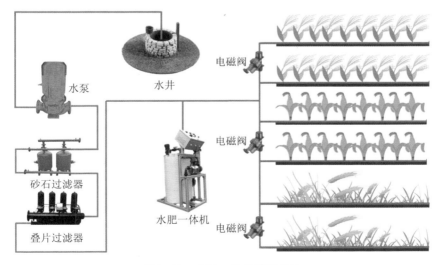

图1-14　水肥一体化灌溉系统

在2020年4月,重庆市渝北区华蓥山林场引入智能灌溉系统,该系统结合物联网技术、传感检测技术、微处理器技术、计算机技术等现代信息化技术,使用无线模块对农田灌溉实现自动控制,减少用水量,提高灌溉水利用率,使农业生产更加方便,有效降低成本、提高产量。该系统还包括摄像机、土壤环境传感器等设备,可以实时向控制中心反馈土壤、气候等变化,通过大数据分析,进行自动灌溉、自动喷药等措施。

三 植保无人机

目前,我国从事植保无人机研发、生产、销售等全产业链的企业数量持续增加,无人机行业人才不断增加。植保无人机在病虫害预防、农作物生长监测等方面有着非常广泛的应用,使用无人机喷药技术能有效控制病虫害,同时无人机通过搭载高清数码相机、光谱分析仪、热红外传感器等装置在大田上空飞行,监控农作物生长情况,并收集数据评估农作物风险。图1-15为常用植保无人机,其精准、高效、智能的特点可实现自主飞行、精准喷洒、智能规划、安全稳定,实时动态、差分(Real Time Kinematic, RTK)高精度定位,能实现航线避障、双链路传输、农田扫边等功能。

单旋翼植保无人机

四旋翼植保无人机

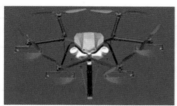
多旋翼植保无人机

三轴植保无人机

图1-15　常用植保无人机

安徽省是较早应用植保无人机的省份之一,从2010—2013年,安徽省六安市部分县区、安徽省淮南市凤台县、安徽省桐城市等县区市开始购买植保无人机防治病虫害;自2015年植保无人机在安徽省开展大范围应用示范和推广,并逐渐被广大农民认可,植保无人机的使用数量也在不断增加;在2017年安徽农机化网发布《关于开展农机购置补贴引导植保无人机规范应用试点工作的通知》,通知在安徽省的12市26县试点植保无人机补贴,将载药量在10升及以上的电动多旋翼植保无人机纳入补贴范围,补贴标准为16 000元。这使得许多大田种植的农户有条件购入植保无人机,将植保无人机应用于种植大规模作物如小麦、水稻和玉米,对农作物长势及病虫害进行监测、施药、授粉、施肥等作业,提升了农业生产水平及农作物产量,给种植户带来了便利。2014—2020年中国植保无人机保有量和作业面积统计如图1-16所示。

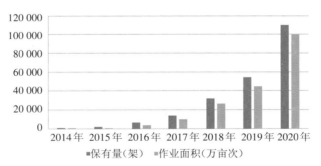

图1-16 2014—2020年中国植保无人机保有量和作业面积统计图

2020年3月,安徽省农垦集团大圹圩农场在疫情防控期间,为防止工作人员聚集,使用3架植保无人机完成了1 100亩(1亩≈666.7平方米)小麦的纹枯病和其他病虫害的药物喷洒任务,并使用物联网智能化设备对小麦生长状况进行远程在线监控,对无人机作业进行实时监控。安徽农垦集团将物联网与无人机作业相结合,积极购置植保无人机设备,帮助农户开展智慧化管理。目前已有皖河、淮南、正阳关等6个农场购置植保无人机近30台,植保无人机飞防技术在水稻、小麦、油菜、大豆、栝楼的病

虫害防治上得到广泛的应用。

（四）智能农机

　　智能农机(智能化农业机械)是指装备有中央处理芯片和各种各样传感器或无线通信系统的现代化农机,其特点是通过农机上的微型计算机对传感器传回的各种信号进行处理,然后在动态作业环境下发出适宜指令驱动农机来完成正确的动作,实现农业生产和管理的智能化。智能农机包括农用拖拉机、播种机、无人机、收割机等,如图1-17所示,利用北斗卫星导航、图像识别技术、无线通信技术等来提高机器的可操作性和机动性。

收割机

无人机

播种机

拖拉机

图1-17　智能农机

　　自2014年农机购置补贴政策出台以来,我国农机购置支持强度逐渐加大,惠及范围不断扩大,政策效果持续显现。据统计,安徽在2021年春季约投入各类农机具142万台,约完成机械化作业面积1 800万亩,其中农机社会化服务组织工作面积预计将超过五成。在安徽,小麦、油菜春季田管时节,智能农机在机械植保作业中大量应用,共计1万余台植保无人机、自走式机动植保机械参与作业,覆盖天上地下。对安徽许多农民来说,坐在家里用手机就可以了解大田农作物的长势、预知异常天气风险、预知病虫害,并根据土壤湿度进行精准灌溉,做到整个种植过程精准高效,推动大田种植生产标准化、智慧化发展。

2021年6月,安徽省怀远县开展拖拉机智能辅助驾驶播种玉米,在包集、陈集、徐圩等玉米主产乡镇示范区开展2 000亩玉米高效种植示范片,示范应用智能辅助驾驶农机玉米播种技术,提升怀远县农机装备智能化水平。

（五）卫星导航应用

北斗卫星导航系统是由我国独立研发的全世界定位及通信系统,它同俄罗斯的格洛纳斯、欧盟的伽利略系统以及美国的GPS系统并列称为世界四大导航定位系统。其能够在世界范围内任何时候给用户提供稳定可靠、高精确度的定位、导航、授时服务,同时拥有短信通信功能。北斗卫星导航系统在农业应用中有以下优势:抗遮掩能力强,尤其是在低纬度地区;精确度高,它给予数个频点的导航信号,可利用多频信号搭配使用等形式提升服务精度。如图1-18为卫星导航的农机应用。

图1-18 卫星导航的农机应用

目前,北斗卫星导航系统在农业中的应用主要有拖拉机自动导航、农机自主作业和植保无人机系统。拖拉机采用卫星导航技术不受光线限制,农机驾驶员操作时只需要踩油门和刹车,不用操作方向盘,就可实现24小时播种,农机工作效率大幅提升。2016年10月28日,安徽省政府公布了《推进农机农艺农信融合发展实施方案》。截至2020年,安徽省有一万台以上农机用上北斗卫星导航系统。

2019年11月19日,安徽铜陵首台安装慧农北斗导航自动驾驶系统的拖拉机投入播种,该拖拉机是由安徽铜陵普济圩现代农业集团公司通过引入我国拥有完全自主知识产权的液压农机自动驾驶系统——慧农北斗导航自动驾驶系统安装改造。经过试验,该拖拉机具有增加有效耕地面积、避免重播、省时省力、耕种均匀、夜间可作业等优点。并在2020年已使60%的农机安装慧农北斗导航自动驾驶系统,推进智慧大田种植农业高速发展。

(六) 无人农场

无人农场是在人不进入农场的情况下,采用物联网、大数据、人工智能等技术,通过对农场设施、装备等远程控制,或智能装备与机器人的自主决策、自主作业完成所有生产管理任务,是一种全天候、全过程、全空间的无人化生产作业模式。无人农场的本质是使用机器替换人工。中国工程院院士、华南农业大学教授罗锡文表示,无人农场的建设,让从牛拉犁的传统农业发展到无人化的智能农业,有利于推进农业产业高质量发展,全面提高农业现代化水平。据罗锡文院士预测,预计5年后我国无人农场将进入推广阶段,10年后将加快推广速度。

无人农场中所有农作物的生长都在智能设备的监控范围之内,农场的智能设备不仅熟悉最先进的农业技术,并且能随时感知温度和湿度的变化,实时监测农作物的生长环境、生长状态,从而及时做出调整并制定出解决方案,实现农作物高质量、高产量。

山东省淄博市临淄区朱台镇禾丰种业生态无人农场是全国首个生态无人农场,在2020年6月11日,无人驾驶的拖拉机、小麦收获机、播种施肥一体机、植保无人机、秸秆粉碎灭茬混土还田机等农机装备集中展示,展现了最新的农机无人驾驶技术成果。操作人员只需在办公室对农机进行精准操作,真正实现了农机的无人应用。2021年6月9日,安徽首个无人农场在亳州市谯城区赵桥乡正式投入运营,首期建设面积300亩,进行小麦、玉米轮作,技术依托华南农业大学罗锡文院士团队支持,由安徽中科智能感知产业技术研究院有限责任公司承建。无人驾驶收割机在启动后沿着规划好的路径缓缓开进无人农场的麦田,自主收割小麦,满仓后自主返回,将收获的麦粒卸载到装粮车上,之后继续返回收割。在10千米之外的十河镇大周村润耕天下农场内,技术人员正通过巨幅电子大屏远程监控无人农机作业情况,通过这个被称为"农场大脑"的云管控平台,还可以实时察看田间土壤、空气温度与湿度等信息。无人农场利用北斗卫星定位和互联网数据传输,远程实时获取农机的数据。

参考文献

[1] 赵春江.发展智慧农业建设数字乡村[EB/OL].(2020-4-30).http://www.ghs.moa.gov.cn/zlyj/202004/t20200430_6342836.htm.

[2] 杨敏丽."十四五"农业机械化面临的重大挑战与战略任务[EB/OL].(2020-4-30).http://www.ghs.moa.gov.cn/zlyj/202004/t20200430_6342839.htm.

[3] 王威.物联网的发展趋势[J].电脑知识与技术:学术版,2018(3Z):264-265.

[4] 王强.大数据技术在农业领域的应用分析及建设策略[J].新疆农业科技,2015(1):1-4.

[5] 南秀华.遥感技术的物理基础及其应用[J].现代物理知识,1996(S1):174-175.

［6］王振成.无人机装备技术的发展与分析[J].舰船电子工程,2016,36(7):27-31.

［7］蒋智超,刘朝宇.浅谈植保无人机发展现状及趋势[J].新疆农机化,2016(2):30-31,42.

［8］许子明,王振,田杨锋.人工智能概述[J].科学技术创新,2018(6):99-100.

［9］夏彬,王飞.一种用于棉花图像分析的计算机视觉开发技术[J].中国棉花加工,2014(5):20-22.

［10］张光华.全球导航卫星系统辅助与增强定位技术研究[D].哈尔滨:哈尔滨工业大学,2013.

［11］曹翔翔.植保无人机在安徽省的应用现状及发展前景[J].安徽农学通报,2020,26(10):72-74,81.

［12］李道亮,李震.无人农场系统分析与发展展望[J].农业机械学报,2020,51(7):1-12.

第二章 智慧果园种植

第一节 智慧果园种植概述

一 智慧果园种植中的环境与本体信息化

随着物联网、传感器和通信技术的飞速发展,实现果园智慧化、信息化是未来发展的趋势,对果园各种环境数据、果树生长相关数据进行实时监测和智能分析具有重要意义。在果树的生长过程中,气候和环境因素起关键性作用,可以直接影响果品的质量和果园的年总产量。因此,为实现果园管理的自动化、智能化,实现高产量高质量的目标,对诸如光照强度、空气温湿度和土壤温湿度等影响果树生长发育的条件变量进行及时精确的监控是十分必要的。通过传感器信息采集、源数据融合以及与物联网等多种技术的结合,在果园中建设监测系统实时监测果树生长环境,果园环境监测系统的拓扑结构如图2-1所示:环境监测系统基于多种环境传感器形成智能采集节点,采集环境数据,并将数据通过网络上传至采集服务器,在Web端和APP端可查询和管理环境数据。

果园环境监测系统的关键技术包括三个部分:采集环境监测数据,对采集的数据进行传输和有效处理以及果园环境监测系统应用。运用卫星导航定位、物联网传感技术、地理信息系统和无线通信等技术,实现

对种植环境和农机作业的精准感知,实现信息感知、定量决策、智能控制、精准投入、精准调度、精准灌溉以及产业链融合,全面提高果园种植全流程管理服务和经营水平。利用人工智能、物联网、大数据、云计算等新一代技术,构建智慧果园的"中枢神经"与"智慧大脑",实现智能感知、智能分析、智能决策、智能作业、智能调控和智能预警。

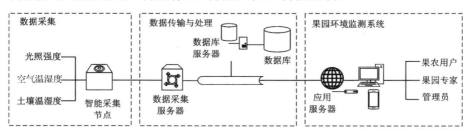

图 2-1 果园环境监测系统的拓扑结构

　　果园环境和果树生长数据采集是进行果园数字化管理的基础。在果园气候环境因素方面,大气、温度、光照、水分等气候因子与果树生产有密切的关系;在果树生长信息方面,果树长势、果树枝形、萌芽日期、开花日期、结果日期、枝果比例和花果比例等指标是果树生长状态的重要表征;另外,果园病虫害信息的获取与预测预报也是果园管理的重要方面。

　　果园环境参数感知及智能化管控方面进展较快,已基本实现果园环境参数的实时监测,国内外也有很多成熟的产品可供生产者选择。运用物联网和云计算技术,借助相应的终端监测设备,生产者可以智能获取果园环境数据。结合数据智能分析,呈现作物各个环境因素走势,如空气温度和湿度、土壤温度和湿度、光照强度、二氧化碳浓度、降雨量、pH等。在果园内设置大量传感器设备和传输设备,就果树的生长信息进行实时监测,并将采集到的信息传输给相应的监控平台。然后以基础监测设备为支撑,能够对接收到的信息进行有效处理。且配合高清摄像等先进技术,能够清晰地展现果树生长状态,生产者可定期查看果树关键阶段生长数据的对比分析。设备采集到的数据信息在经预处理后,会被传输给技术人员。通过对数据的分析整合,技术人员能够对果树生长环境进行分析,及时找出存在的问题,制定出切实可行的治理措施;这样可有效避免果树虫害和病害,保证果品的产量与品质;此外,在方便技术人员进行分析,并对果树生长中存在的异常状况进行改善的同时,这样也可以将果树的生长情况直观地展现在消费者面前,确保消费者了解果园环境及水果的生长过程,提升消费者对果品质量的认知,实现果品增值。

在果树养分与生理信息感知方面,综合运用图像处理和光谱分析等手段,实现果园土壤水分、养分、pH、质地、病虫草害等指标的实时快速监测。果树生长过程中的光照、水势、叶部形态、叶密度以及果实大小、果实空间分布、产量等指标将被数字化采集和动态感知。相关设备采集到的信息经处理后反馈到监管中心,管理人员可以借助计算机或者智能手机完成信号的接收,随时随地监控各项果树生理指标,保证了果树管理的效率和效果。另外,智能检测设备的使用,能够帮助管理人员更好地检测施肥、灌溉等细节方面存在的差异性,可通过合理设置节点的方式,对施肥量和灌溉量进行合理控制,促进果树的健康成长。采集到的数据,通过存储、计算、清洗、加工、分类,形成数据资源目录使其成为平台的数据资产。数据存储层通过建立数据规范、数据模型进行数据处理和数据存储。对采集和其他系统接口传输过来的数据,通过存储层进行处理归类、提取分析,将数据分别存储到基础数据库、共享数据库和业务系统数据库。研究数据模型、云平台、智能农机的融合应用模式:智能化和多样化的农机极大优化和丰富了云平台的功能,形成了云端互动;云平台的大范围使用能够极大地提升数据采集汇聚能力,汇集大量数据;通过数据运算,融合深度学习的模型算法,将进一步提升智能农机的智能化和多样化管理水平,满足智慧果园不断变化的场景需求。

二 智慧果园种植中的物联网与3S技术

采用物联网、大数据分析和云计算等技术对接各类农业基础数据系统，实现信息交换和共享，并上传到专家数据决策系统。再通过移动终端、浏览器等形式提供给用户，实现果园的智慧生产、智慧浇灌、智慧施肥和智慧防虫除害等。在主要果树形态结构模型构建与果园智能管理方面，融合园艺学、生态学、生理学、计算机图形学等多学科，以果树器官、个体或群体为研究对象，构建主要果树4D形态结构模型。实现对果树及其生长环境进行三维形态的交互设计、几何重建和生长发育过程的可视化表达。通过数字果园技术的智能化发展，将突破果树栽培与管理专家知识的采集、存储和推理技术。专家系统与模拟模型研究相结合，专家系统与实时信号采集处理系统甚至技术经济评估系统相结合，专家系统与精准农机具相结合，智能应用系统的产品化水平将有质的飞跃。相较于传统种植流程，智能应用系统将具有良好的人机交互体验，果农无须专门培训即可操作自如。

"3S"技术是遥感技术（Remote Sensing Technique，RST）、地理信息系统（Geographic Information System，GIS）、全球定位系统（Global Positioning System，GPS）的统称，是空间技术、传感器技术、卫星定位与导航技术和计算机技术、通信技术相结合，多学科高度集成地对空间信息进行采集、处理、管理、分析、表达、传播和应用的现代信息技术，是现代农业实现可持续发展的重要途径。农业遥感技术源于20世纪70年代民用资源卫星的发展。农业成为遥感技术最先投入应用和收益显著的领域，特别是随着高空间、高光谱和高时间分辨率遥感数据的出现，农业遥感技术在长时间序列作物长势动态监测、农作物种类细分、田间精细农业信息获取等关键技术方面取得了突破。遥感技术由于具有覆盖面积大、重访周期短的特点，主要应用于大面积农业生产的调查、评价、监测和管理。农业遥感监测主要以作物、土壤为对象,利用地物的光谱特性,来进行作物长势、作物品质、作物病虫害等方面的监测。随着"3S"技术的不断发展和成熟,RST、GIS、GPS三者紧密结合起来的一体化技术,构成了强大的信息收集、处理与更新的技术体系。

三 智慧果园种植中的智能化

基于人工智能的深度学习方法与模型,研究建立识别网络模型。通过训练样本、调节网络模型及参数,不断降低损失因子,可提高模型识别准确率;研究了双目视觉识别算法,通过相机内、外参数优化,建立双目相机数学模型和相机误差校正模型,计算双目图像的视差;根据深度学习识别结果获取视差图中水果的深度信息,最终计算出相机坐标系下的空间三维坐标。利用智能监测系统,可以得到果树的生长及环境信息,也能够运用数学表达式来对果树生长过程中的生态及生理机制进行概括。经过长期积累后,能够建立起包含各类生态及生物因子的数据库和模型参数,再以此为基础,建立起果树生长发育动态模型以及对气候、产量等产生影响的相关因子动态模型。结合上述模型,科研人员能够更好地获取果树的生长状态与环境胁迫信息,为各级管理部门和果农提供更加全面的信息,提升果品管理的科学性,实现增产增收。

第二节 智慧果园总体框架及技术

一 框架结构

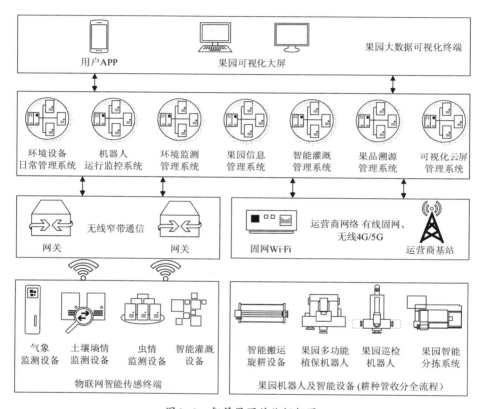

图2-2 智慧果园总体框架图

二 可视化技术

可视化（Visualization）技术是利用计算机图形学和图像处理技术，将数据转换成图形或图像在屏幕上显示，并进行交互处理的理论、方法和技术。可视化涉及计算机图形学、图像处理、计算机视觉、计算机辅助设计等多个领域,成为研究数据表示、数据处理、决策分析等一系列问题的综合技术。目前正在飞速发展的虚拟现实技术也是以图形图像的可视化技术为依托的。可视化技术的种类非常多,包括信息可视化、数据可视化、科学计算可视化。

信息可视化是指从抽象数据到可视化形式的映射过程,并通过这种交互式的映射来提高人的感知能力。与传统计算机图形学以及科学可视化(Scientific Visualization)研究不同,信息可视化的研究重点更加侧重于通过可视化图形呈现数据中隐含的信息和规律,旨在建立符合人类认知规律的心理映像。数据可视化将人面对可视化信息时强大的感知认知能力与计算机的分析计算能力优势进行有机融合,在数据挖掘等技术的基础上,综合利用认知理论、科学、信息可视化,以及人机交互技术,辅助人们更为直观和高效地洞悉大数据背后的信息、知识与智慧。可视分析领域建立在可视化技术基础上,主要强调认知、可视化、人机交互的交叉与融合。

三 网络技术

网络技术(Network Technology)是指采取一定的通信协议,将分布在不同节点上的多个独立计算机系统,通过互联通道(即通信线路)连接在一起,从而实现数据和服务共享的计算机技术,是现代计算机技术与通信技术相结合的产物。网络技术是从20世纪90年代中期发展起来的新技术,它把互联网上分散的资源融为有机整体,实现资源的全面共享和有机协作,使人们能够透明地使用资源并按需获取信息。资源包括高性能计算机、存储资源、数据资源、信息资源、知识资源、专家资源、大型数据库、网络和传感器等。

当前的互联网只限于信息共享,网络则被认为是互联网发展的第三

阶段。网络可以构造地区性的网络、企事业内部网络、局域网网络,甚至家庭网络和个人网络。网络的根本特征并不一定是它的规模,而是资源程序,以求消除资源孤岛。网络技术具有很大的应用潜力,能同时调动数百万台计算机完成某一个计算任务,能汇集数千科学家之力共同完成同一项科学试验,还可以让分布在各地的人们在虚拟环境中实现面对面交流。网络的关键技术有网络结点、宽带网络系统、资源管理和任务调度工具、应用层的可视化工具等。

▶ 第三节　智慧果园种植应用案例

一　果园智能水肥一体化建设

　　传统的果树浇水和施肥是完全分开来作业的,先撒肥再浇水。这种作业方式相对水肥一体化管理既费时又费力,且相对成本也是巨大的。而灌溉和施肥同时进行是很好的措施,把果树所需要的肥料溶于水中,施肥和灌溉一同进行。浇水、施肥同时管理进行的技术被称为水肥一体化管理技术,特别是采用管道灌溉和施肥后,再用滴灌或微喷灌,可以大幅度节省灌溉和施肥的人工成本,也提高了水和肥料的利用率。水肥一体化技术是一种将现代技术应用到农业灌溉施肥环节中的管理技术,满足了果树生长发育的精确需求,也推动了现代果园升级发展。

　　果园智能水肥一体化系统不仅为作物提供充分的水量,而且按照作物的不同生长阶段进行施肥,从而在增加产量和提高品质的同时,又避免了过度施肥引起的土壤板结和次生盐碱化。该技术是一种将农业灌溉和农业施肥合二为一的新兴技术,它借助压力系统或者地势差,将可溶性化肥溶解到灌溉水中,采用肥随水走的原理,按种植地土壤的养分情况和需水需肥的特点,通过特制的可控性管道系统将肥液施加到作物的根系部位,满足其正常生长所需的营养物质和水分。图2-3为智能水肥机。

图2-3　智能水肥机

果园智能水肥一体化系统可以帮助果园管理者很方便地实现自动的水肥一体化管理。系统由云平台、墒情数据采集终端、视频监控仪、施肥机、过滤系统和阀门控制器、电磁阀、田间管路等组成。整个系统可根据监测的土壤水分,作物种类的需肥种类、多少,设置周期性水肥计划实施浇灌。施肥机按照管理者设定的比例、灌溉过程参数自动控制灌溉量、吸肥量、肥液浓度、酸碱度等水肥过程中的重要参数,实现对灌溉、施肥的定时、定量控制,充分提高了水肥利用率,实现了节水、节肥,改善土壤环境,提高了作物品质。该系统还可以广泛应用于大田、温室等种植灌溉作业。

1.系统设计

自动施肥系统连接到滴灌系统中,需根据用户在控制器上设计的施肥程序,注肥器按比例地将肥料罐中的肥料溶液注入灌溉系统的主管道中,达到精确、及时、均匀施肥的目的。同时通过自动施肥机上的电导率、酸碱度传感器的实时监控,保证施肥的精确浓度和营养液的电导率、酸碱度水平。

2. 系统功能

果园智能水肥一体化系统可以按土壤养分含量、作物种类的需肥规律和特点,调节肥料、水等的配比以及酸碱度。通过可控管道系统供水、供肥,使水肥相溶后,通过管道和滴头形成滴灌,均匀、定时、定量地浸润作物根系发育生长区域,使主要根系土壤始终保持疏松和适宜的含水量。同时,根据不同作物的需肥特点、土壤环境和养分含量状况,把水分、养分定时定量,按比例直接提供给作物。用户可根据栽培作物品种、生育期、种植面积等参数,对灌溉量、施肥量以及灌溉的时间进行设置,形成一个水肥灌溉模型。

3. 智能控制

灌溉施肥过程可直接通过电脑或手机进行远程自动化控制,保证农业生产操作的及时性和准确性。同时,对于每一次操作,系统都生成操作记录,便于分析统计。

大量的研究试验证明,果园智能水肥一体化与传统的灌溉施肥技术相比,具有显著的优势。在现代果园实施水肥一体化技术,不仅可以减少果园农业用水施肥的浪费,用最少的水和肥料来满足果树的正常生长,而且还能在一定层面上提高果树的免疫能力,提高其防病害能力。

（二）采摘机器人

采摘是作物生产中劳动力耗费最大且最难以实现机械化作业的关键环节,需投入整个生产劳动时间的40%。但是近年来农村劳动力呈现出老龄化和高成本化的趋势,这不仅会降低水果的采摘效率,还会造成果园投入成本和生产成本增加。为了缓解这一现象对水果产业带来的影响,国内外许多专家和学者致力于水果采摘机器人的研究。

采摘机器人主要由四大部分构成,包括视觉识别和定位系统、机械臂系统、末端执行控制系统和移动平台。除此之外,部分采摘机器人还包含了水果收纳和分级系统。水果的准确识别和定位是采摘机器人成功作业的关键。对于采摘机器人的视觉而言,果园是十分复杂的自然环境,果园中光照条件不确定性、果实颜色相近、果实被树枝和树叶遮挡、颜色不均匀、大量阴影、果实振荡,以及果实重叠等因素都增加了果实目标的识别和定位难度。

目前,新西兰果蔬巨头T&G Global公司宣布,将使用Abundant机器人(由美国科技公司Abundant Robotics研发)采摘苹果。该机器人已能在夜晚借助人造光源完成采摘苹果的操作,因此可以7天×24小时不间断进行工作。Abundant机器人通过机器视觉技术,可以准确识别树上已成熟的苹果,并用类似真空吸尘器的机械前端,将苹果从树上吸下来,从而避免损伤苹果和果树。Abundant机器人每秒可以摘一个苹果,每天工作量相当于7~10个人工。而T&G的果园为了迎接Abundant机器人,也花费4年时间将果树"训练"成为"二次元"生物,所有的果实都长在一面,它们还将这样生长20~30年。如图2-4,采摘机器人正在作业。

图2-4 采摘机器人正在作业

果园采摘机器人在我国具有巨大的应用空间,但是由于研发难度大、生产成本高,国内外经济实用的果园采摘机器人产品还很少。如今我国已进入农业4.0时代,国家对智慧农业相关技术和装备研发的支持力度也在不断加大,未来果园采摘机器人在智慧农业发展中将大有可为。智能采摘机器人的研发需要加大力度,综合多学科高新技术,大力开展智能采摘技术及装备的创新研究工作,提高机器人的精准化、便携

化、低成本化,促进我国果园采摘机器人早日投入广泛应用。

(三) 植物本体感知系统

植物本体感知系统是基于本体感知传感器与农业算法开发构成的系统。系统采用云服务模式,不仅可以向用户展示植物生长的环境数据,最重要的是可以实时监测作物的生长速度和生理状态,然后运用独特算法进行分析并将分析结果发送给用户,提出科学合理的生产操作建议。当与灌溉系统结合,植物本体感知系统可实现智能化精准灌溉,并且在一定程度上预防了植物病虫害。

1. 系统介绍

根据果园具体情况,部署本体感知系统。系统不仅可以向用户展示植物生长的环境数据,还可以实时监测作物的生长快慢和生理状态,通过科学及时的生产操作,用户可以节水、节肥、节省劳动力成本,较大幅度提高作物的产量和品质。

2. 传感器的配置

根据果园内种植的作物品种类型,选择合适的传感器进行安装部署。主要传感器类型有环境感知传感器(空气、光照、土壤)和本体感知传感器(叶片温度、植物茎秆微变化、果实大小微变化)。

果园的常规配置如下:果园气候套装(含空气温湿度仪、光合有效辐射传感器、数据收发器、太阳能电板)1套,USB调试网关1个,土壤温度和湿度、电导率传感器2个,单探头叶片温度传感器2个,树干直径微变化传感器2个,果实生长传感器2个。图2-5为果实生长传感器。

植物本体感知系统利用先进的算法和模型分析传感器数据。该系统基于采集的数据实现大数据分析,可以检测缺水量、植物抗逆性、生长率的变化、病虫害情况,实现了果园科学生产、精准管理,促进了降本降耗、增产增效。

图2-5 果实生长传感器

参考文献

［1］史云.智慧果园关键技术研究与应用［N］.东方城乡报,2021-07-27（B03）.

［2］马丽红,高茜茜,常勇,等.基于物联网技术的果园环境监测系统实现探究［J］.农业与技术,2019,39(13):22-23.

［3］周国民.数字果园研究现状与应用前景展望［J］.农业展望,2015,11(5):61-63,81.

［4］张立功.意大利和法国苹果生产考察报告［J］.果农之友,2008(1):38-39.

［5］陈金良,邓先平,聂仕洪.智慧农业发展现状及问题战略分析［J］.农业工程技术,2020,40(33):64,69.

［6］王中林.智慧果园发展制约因素与对策措施［J］.科学种养,2020(7):5-7.

［7］周国民,丘耘,樊景超,等.数字果园研究进展与发展方向［J］.中国农业信

息,2018,30(1):10-16.

[8] 付光.可视化原理及应用中的可视化数据挖掘[J].广西教育,2011(24):
125-127.

第三章 ▶ 智慧畜牧养殖

▶ 第一节　智慧畜牧的主要技术

一 智慧畜牧核心技术

以物联网、云计算、大数据及人工智能为代表的信息技术革命推动粗放式传统畜牧养殖向知识型、技术型、现代化的智慧畜牧养殖转变,利用信息技术优势已成为驱动畜牧业快速发展的重要因素。

1.物联网技术为智慧畜牧提供基础数据

畜牧业物联网是由大量传感器节点构成的监控网络,通过信息传感设备实时采集畜牧个体的生长状况、养殖环境各类参数等信息,再利用无线或有线传感网或局域网和广域网,实现数据异构,实时传送,为智慧畜牧提供了丰富的数据基础,为开展智能化分析奠定数据基础。

2.用云计算与大数据技术分析畜牧数据

畜牧数据具有多源、跨平台、异构、跨系统的典型大数据特征,采用传统的技术手段处理这类数据非常困难,独立分散的养殖户更是无法提供相应的计算能力。云计算为畜牧大数据处理提供了强大的技术支撑,核心技术包括基于多模态特征的知识表示和建模、面向领域的深度知识发现与预测、特定领域特征的普适知识融合等。

3.人工智能是畜牧产业的核心驱动力

人工智能包含机器视觉、语音识别、虚拟现实和可穿戴设备等核心技术,可以从多方位融入和应用到畜牧生产与管理过程中,改造传统饲养管理方式,提高生产管理效率,降低人力成本。

二 感知技术

感知技术可以实现畜牧饲养全程环境及家畜生长、生理信息的监测,为畜牧饲养自动化控制、智慧化决策提供可靠数据源。传感器采集的信息种类包括:空气温度和湿度,二氧化碳、氨气、硫化氢浓度等,实时采集畜舍内的环境数值,并上传至终端。实现畜舍内环境参数(包括CO_2、氨氮、H_2S浓度及温度、湿度、光照度、视频等)的自动监测、采集与传输。

1.温度和湿度感知

通过温度和湿度传感器,实时监测采集养殖舍内外的温度和湿度数值,通过舍内、外的温度对比,及时采取控制温度和湿度的措施。温湿度传感器如图3-1所示。

图3-1　温湿度传感器

2.光照度感知

因为光照影响畜牧生长发育、食欲、性成熟等,所以,充足的光照时间是保证动物健康、快速成长的重要因素。对于阴天畜舍内光线阴暗或冬季日照时间不足的情况,可适当增加辅助照明,弥补光照度的不足。光照度传感器如图3-2所示。

图3-2　光照度传感器

3.CO₂、NH₃、H₂S等气体浓度感知

二氧化碳为无色、无臭的气体。二氧化碳无毒,但畜舍内二氧化碳含量过高,氧气含量会相对不足;氨气是公认的应激源,氨气等有害气体对养殖动物的呼吸道黏膜的刺激,极易诱发慢性呼吸道病症,继而发生腹水综合征等,对家畜的危害极大;硫化氢是畜舍内浓度比较高的一种有毒气体,具有臭鸡蛋味。这些有害气体不仅对人和牲畜的健康造成影响,而且容易对周围环境产生污染。CO_2、NH_3、H_2S传感器如图3-3所示。

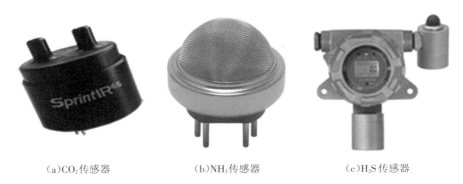

（a）CO_2传感器　　　　（b）NH_3传感器　　　　（c）H_2S传感器

图3-3　CO_2传感器、NH_3传感器、H_2S传感器

4.压力强度感知

由于某些时候通风差等原因,会造成畜舍内外空气压力存在差异,

不利于气体流通,导致畜舍内有害气体浓度过高。压力强度传感器可以实时监测采集畜舍内外空气压力,当出现压差时,系统可联动控制相关设备运行,以保证空气流通。压力强度传感器如图3-4所示。

图3-4　压力强度传感器

5.视频图像采集

在畜舍内安装视频监控,以便随时查看家畜生长情况,减少人工现场巡查次数,提高效率。从科学养殖、提高养殖管理水平,从实现现代化养殖的角度来看,视频监控是现代化养殖业发展的必然趋势。采用视频图像可以使管理人员随时监控养殖场的实际状况,实现养殖场的远程管理,通过视频看到实际情况,进行远程操作和监控,有利于严格按照规范进行养殖,能够及时发现养殖过程中的隐患,尽早采取措施,排除隐患,提高牲畜存活率。视频图像采集器如图3-5所示。

图3-5　视频图像采集器

6.耳标

耳标由主标和辅标两部分组成,主标由主标耳标面、耳标颈、耳标头组成,主标耳标面的背面与耳标颈相连,使用时耳标头穿透牲畜耳部、嵌入辅标、固定耳标,耳标颈留在穿孔内,耳标面登载编码信息。

畜牧管理中,采用易于管理的耳标形式实现对家畜个体标识,通过为每头家畜分配带有唯一编码的耳标来实现个体的唯一标识,应用在家畜养殖场的耳标主要记录养殖场编号、家畜舍编号、家畜个体编号等数据。在家畜养殖场为每头家畜打上耳标实现家畜个体的唯一标识后,通过手持机进行读写的方式,实现家畜个体的用料管理、免疫管理、疾病管理、死亡管理、称重管理、用药管理、出栏记录等日常信息管理。射频识别(Radio Frequency Identification,RFID)猪耳标如图3-6所示。

图3-6　RFID猪耳标

（三）家畜养殖环境监控系统

家畜养殖环境监控系统主要包括以下功能:信息采集,完成对畜舍环境的各种信号的自动检测、采集和传输;能自动调控完成对畜舍环境的远程自动控制;管理平台,完成对信息的存储、分析和管理,设置各种采集参数阈值,并做出智能分析和预警。

1.环境参数对家畜的影响

（1）畜舍中温度和湿度过高或过低均会导致养殖和育肥资金升高,

会侵害家畜的健康和生命。在常温情况下,湿度对羊的影响很小,但在高温和低湿情况时,会加剧对羊体损坏的风险。在冬季圈舍温度过低(绵羊在−15～−5℃)时,羊只食用的饲料很大部分被用于保持体温而损耗,出现"一年养羊半年长"的现象,严重时会造成冻伤;如温度过高(绵羊在25～30℃)时,则羊只进食量会减少,严重时会导致羊只进食停止,导致掉膘和中暑情况。如羊在高温度和高湿度(绵羊在湿度范围75%～80%)的条件下,体温散失热量的能力低下,会出现体温过高、呼吸艰难、功能低下状态;在温度过低和湿度过高的情况下,则易患伤风、肩周炎等种种疾病。湿度很高的环境也会使微生物大量滋生,羊易患皮肤病和腐蹄病。总之,羊不适宜在过高温度和湿度的条件下成长,干燥的圈舍才是其有利的成长空间。

(2)在畜舍内,氨气是由细菌和酶分解尿素而产生的,饲养密度过大、空气不对流以及不及时清理垫料,也是产生氨气的主要原因。当舍内氨气浓度为6～35 mg/l时,为小含量;当氨气浓度为150～500 mg/l时,为高含量。氨被吸入肺后容易通过肺泡进入血液,与血红蛋白结合,损毁其运氧功能,导致家畜呼吸道疾病,造成家畜生长缓慢,养殖利益受损。

(3)在大规模的养殖场中,二氧化碳的浓度是圈舍中空气质量、透风状态的重要指标。家畜群若居住的环境里不通风,二氧化碳浓度积累到一定程度就会导致家畜缺氧,出现不良症状。同时空气不对流造成疫病暴发且发病后难以节制。发病率一般在40%～50%,死亡率在5%～30%。若不综合考虑室内情况盲目开窗通风,家畜会受到冷热应激刺激,会因免疫调节能力低下导致疾病的发生,甚至死亡。从畜牧养殖营养学角度看,圈舍内温度过低,不利于羊只积累体能,料重比和饲料转化率低下。

(4)在圈舍中,硫化氢有毒气体来源于新鲜粪便和含硫物的厌氧降解。当羊只由于食用高蛋白食品而消化不良时,产生的硫化氢气体会更多。在通风良好的圈舍中,硫化氢浓度在 10 mg/l 以下;在通风不良的环境中,硫化氢的浓度会增加。硫化氢是强烈的神经毒素,对黏膜有很强的刺激作用,更具有急性剧毒,吸入少量高浓度硫化氢气体,可使牲畜在短时间内丧命。

2.控制光照强度和时间

光照强度与时间是畜禽养殖的重要问题。光照的目的是延长家畜的采食时间,促进其生长。然而如果光照时间过长,会导致家畜死亡。弱光则可使家畜安静,有利于其生长发育。光照强度传感和控制技术,可以轻松满足这种需求。

3.设备加热降温控制

专用暖气设施包括锅炉、地暖管、暖气片、鼓风炉等,降温设施包括水帘、喷雾装置、冷气机等。通过冬季增温、夏季降温,可使养殖室内温度保持在家畜生长繁殖的适宜范围,为家畜创造舒适的环境,从而提高生产效率。

4.通风系统

传统养殖场是通过门窗自然通风,这种通风方式的缺点是夏天过热、冬天过冷,严重影响畜禽的繁殖和生长发育。近年的现代化猪场采用联合通风系统,全自动控制,夏季采用湿帘加风机的纵向通风措施,降低高温对家畜的影响;冬季采用横向通风措施,保证养殖室内适宜温度和最低通风量,猪舍气候调控的现代化极大地促进了我国养猪业的发展。

5.家畜分娩室的空调

使用家畜空调可解决传统加热与通风换气之间的矛盾。家畜空调与电空调不同,它一般由高效多回程无压锅炉、水泵、冷热温度交换器、空调机、送风管道和自动控制箱六大部件组成。因正压通风,所以可给

舍内补充30%～100%的新鲜空气,且所送进的空气都经过过滤,降低了舍内空气的污浊度。夏季该设备输入地下水作为冷源进行降温,节省了设备的投资。畜禽空调具有降温、换气和增加空气中的含氧量等功能,特别适合空间不大的单元式分娩舍和保育舍使用,成本低且环保。

（四）智慧牧场解决方案

在智慧化畜牧养殖过程中,智慧化养殖包括数值化、自动化和智能化管理,包括环境监测预警、饲养管理与精细投喂等子系统。

1.环境监测预警子系统

环境预警子系统的主要任务是使用物联网设备完成畜牧养殖环境数据的采集,通过将养殖环境数据与养殖环境标准进行比较,分析当前养殖环境的质量。典型的养殖环境监控与预警模块的功能主要包括实时数据展示、历史数据查看、环境预警、数据服务、标准管理、基本信息管理等,实现养殖环境监控与预警管理系统环境实时预警。

2.饲养管理子系统

需要对畜牧养殖过程中涉及的生产环节进行管理。主要是对种猪繁育过程中涉及的种公(母)猪信息、精液信息和仔猪信息进行管理。种猪繁育管理系统包括个体信息、种公猪、种母猪、仔猪、繁育环境监控、查询统计和养殖知识管理等内容。其中,种公猪管理模块包括精液采集、品质检测、精液稀释和精液保存子模块,种母猪管理模块包括配种管理、妊娠管理和分娩管理子模块,仔猪管理模块包括饲喂管理、断奶管理和饲养管理子模块。

3.精细投喂子系统

精细投喂的主要功能是为养殖户和饲养员提供投喂方法和饲料配比等信息,并帮助他们完成饲料的投喂管理。目前,生猪养殖企业和奶牛养殖企业采用自动饲喂器实现精细投喂,而家禽养殖企业则采用自动喂料机实现精细投喂。典型的精细投喂系统功能包括投喂料管理、营养需求分析、饲料配方管理、投喂策略管理及基础信息管理等。

4.动物产品质量追溯系统

基于先进溯源技术,建立畜牧产业链从繁育养殖、屠宰加工、仓储物流到销售的全程跟踪与可追溯的信息系统,实现对动物产品的全程溯源。典型的动物产品质量追溯系统主要功能包括各环节信息采集、信息追溯和信息服务。

5.动物卫生监督管理子系统

动物检疫是动物防疫重要的组成部分,也是动物源性食品安全的重要保障措施,是整个食品安全产业链上的重要环节之一,是政府管理部门对动物卫生进行监督的重要工具。通过动物检疫网络化的系统管理,使实时有效的真实数据及时上报,把动物及其产品检疫的过程有机地联系起来,实时、准确地记录从发生到结束的动物检疫行为全过程,实现动物及动物产品的追溯管理,对于重大动物疫病防控及保障畜牧产品卫生安全具有重大意义。

6.重大动物疫病预警子系统

重大动物疫病预警子系统在监控动物疫病发展、保障人民群众生命安全和社会公共安全方面具有重要意义。该系统分为动物疫情信息子系统、动物疫病监测预警子系统和动物卫生监测信息统计分析子系统三部分。动物疫情信息子系统负责完成动物疫情相关信息的管理;动物疫病监测预警子系统负责完成对疫病的检测,根据检测结果进行预警;动物卫生监测信息统计分析子系统负责对疾病预警和防控提供数据统计及决策支持。典型的重大动物疫病预警系统的功能包括动物疫情信息管理、动物疫病监测预警及动物卫生监测信息统计分析等。

7.畜牧生态环境监管系统

随着国家对生态环境问题的重视和一系列环保法律法规的出台,畜

牧养殖的污染物排放限制标准也变得愈发严格。采用信息化技术对畜牧生态环境进行监管迫在眉睫。

畜牧生态环境监管系统主要负责对畜牧养殖的各过程进行监管,减少畜牧养殖对生态环境的污染,保护生态环境。畜牧生态环境监管主要涉及污染物和粪便排放管理、粪便回收和再利用等关键环节。有的养殖企业利用棚舍内排灌物封闭式自动负压回收设施和无害化、资源化处理系统与技术,实现猪粪的实时回收和无害化处理,生产出高端生物碳有机肥和叶面肥,棚子里既干燥又干净,养殖场内无异味、无污染,使猪在清洁、最优的环境中健康成长,实现了养殖污染"零排放",开辟了现代化养殖场生态养殖新途径。

8.动物流通监管系统

动物流通监管系统通过对动物及其产品在流通环节中的监管,实现动物防疫及动物产品的全程可追溯管理。该系统对防止不健康的动物产品流入市场、保证动物及其产品的全程可溯源具有重要的作用。

9.粪便清理与消纳系统

粪污的消纳能力是当前环境保护首先应当考虑的,有效消纳粪污成为现代化畜禽场的显著标志之一。绿色果蔬种植业的蓬勃兴起,菜农为生产无公害的绿色果蔬,大量使用有机肥。猪粪以其肥效高、能活化土壤、提高地温等显著特点,备受菜农的喜爱。由于施用猪粪有机肥,土壤会变得越来越松软,农作物长势较好,农产品口感更是特别好。如今,猪粪已成为生产绿色无公害农产品的首选肥料,并且还可以深加工制成其他产品。

畜禽粪便发酵后,产生的沼气可用于畜禽场食堂(作燃料)、发电和燃气锅炉;沼渣沼液用于菜园、果园和农田,或制作成有机肥或生产专用肥料;污水经处理后可以用于畜禽场清洗。上述措施可大大节约畜禽场用水量并减少养畜禽对环境的污染。

许多新建场除拥有畜禽场外，还有自己的大片农田、果园林地、鱼塘。进行鸡–沼–猪、猪–沼–果、猪–沼–菜、猪–沼–林、猪–沼–蚯蚓、黄粉虫、名特水产、猪–沼–鱼等循环生态养殖。

粪便清理系统主要由信息采集、粪便清理、空气净化三部分组成。在养殖场内布置多个温度、湿度、NH_3、H_2S等传感器网络节点，实时将养殖场的温度、湿度、NH_3、H_2S等变化情况反馈到控制中心。当超过粪便清理的预设值时，系统自动启动（或者人工授权启动）粪便清理机，对养殖场内的粪便进行自动收集，同时，对养殖场内的空气进行净化和通气。目前，粪便清理系统多应用于猪、牛等畜类养殖场中。

▶ 第二节　智慧畜牧发展趋势

一　养殖环境监测技术快速发展

利用科学技术手段对畜牧养殖环境进行有效监管是智慧养殖的基础。以生猪养殖为例，国内外大量的科学实验和生产实践表明，环境参数对生猪饲养的影响占比为20%～30%，涉及对温度、湿度、光环境、氨气及硫化氢等多方面的监测。随着传感器、移动通信和物联网技术的发展，通过传感器获取环境参数，将参数传输到云端，并在手机、掌上电脑、计算机等信息终端进行显示，已成为规模化、标准化养殖场普遍采用的信息化管理手段。对于获取的大量监测数据如何科学有效地加以利用，或者指导畜牧生产，是当前亟待解决的主要问题。以猪舍、牛舍、羊舍为代表的圈舍类养殖环境具有多变量共存、结构复杂及密集程度高等特点，为建立精确的调控分析模型带来了诸多困难。国内已有相关研究取得了一定进展，但如何提高模型的泛化性和鲁棒性是在实际应用中面临

的关键挑战。

二 家畜身份标识技术助力家畜全生命周期管理

　　个体身份标识是现代畜牧业发展的共性问题,是实现行为监测、精准饲喂及疫病防控、食品溯源的前提,是实现畜牧智能化生产的必然要求。在传统畜牧业养殖模式中,常见的畜牧标识技术手段包括喷号、剪耳、耳标和项圈等。随着人工智能技术的发展,面部识别、虹膜识别、姿态识别等生物识别技术已经开始向畜牧业延伸,为智慧畜牧业的发展注入了新的方式和方法,使得生物个体健康档案的建立和生命状态的跟踪预警变得更加智能。特别是,射频识别技术已在我国畜牧身份标识中取得了长足发展,不仅可以集成在耳标、项圈中,更有研究者探索研究微型的植入式RFID芯片,以期通过更加快捷的手段实时获取畜牧的身份信息。虽然以上技术取得了较大的研究进展,但在畜牧养殖业中仍然存在维护成本高、操作复杂等推广问题,导致目前并未得到大规模应用。因此,研发更为廉价、操作更方便的新一代智能化个体身份标识技术将是未来的发展趋势。

三 精准饲喂

　　针对猪、牛、羊等中大型牲畜的精准化养殖,主要包括饲喂站、自动分群、自动称重和饲料余量监测等设施装备及技术。智能化精确饲喂装备及技术将营养知识与养殖技术相结合,根据牲畜个体生理信息,按时按需准确计算精准饲料需求量,通过指令调动饲喂器来进行饲料的投喂,实现根据个体体况进行个性化定时定量精准饲喂,动态满足牲畜不同阶段营养需求。该类技术是基于牲畜的个体识别、多维数据分析、智能化控制的集成应用,虽然精准饲养设备的建设成本相对较高,但经济效益显著,具有广阔的应用前景。

（四）家畜福利及行为分析

动物福利关系到动物的健康养殖和畜牧业安全生产，直接影响着畜产品的品质，间接影响着人类的食品安全。比如智能监测技术已经应用于放牧羊群的福利研究之中，包括羊的音频分析、行为监测、行为特征识别、羊个体的卫星定位和无人机巡航等关键技术。准确实时高效地监测家畜个体行为，有利于分析其生理、健康和福利状况，是实现自动化健康养殖和肉品溯源的基础。但是，目前我国畜牧养殖主要以产量提高为重，对动物福利和高品质安全生产的重视有待提高，福利化养殖技术及评价体系尚处于研究阶段。

（五）畜牧安全饲养技术

随着畜牧养殖模式和生态环境的智慧化，以及世界经济一体化的发展，与畜牧业发展相关的动物疫病流行态势也发生了较为显著的变化。从最初影响家畜健康、损害畜牧业健康发展，逐步扩大到畜产品质量安全、公共卫生安全、环境安全以及国际贸易、社会稳定、生物恐怖等多方面，特别是重大动物疫病已对全球社会经济和公共卫生安全造成严重威胁。现阶段，互联网、云计算和大数据等关键技术已经被用于疫病的远程诊断，出现了多种远程智能诊疗系统，可实现远程诊疗、图片影像诊断、疾控信息发布、产品追溯等功能。然而，目前专业的动物疾病防治技术人员缺乏、畜牧兽医科研与生产无法及时对接等问题依然突出。

第一节 智慧大棚系统概述

一 采集与控制单元的部署

温室大棚的结构,有的采用砖混结构,顶部采用弧线薄膜覆盖;有的采用钢构结构,周围和顶部采用玻璃覆盖。如图4-1所示为温室大棚的实例。根据大棚的面积不同,可以划分数量不同的数据采集区域,每个区域部署一个采集与控制单元,如图4-2所示。通常在每个采集区域主要部署空气温度传感器、空气湿度传感器、土壤温度传感器、土壤湿度传感器、土壤酸碱度传感器、光照强度传感器以及继电器模块。在大棚的四周通常安装相应个数的风机,顶部安装有遮光帘,以便调整大棚内的温度和湿度以及光照强度等。

图4-1 温室大棚实例

采集与控制单元是整个大棚系统的关键,数据的准确与否直接影响到后面应用的决策与判断。因此,对传感器的部署以及灵敏度等的要求都非常高。在传感器等挑选采购的时候,要注意产品的性能和相应的参数,要考虑到传感器的低成本、低功耗、传输速率、准确性以及通信协议等。选择合适的通信协议,才能实现传感器设备与系统网关数据对接。

采集与控制单元作为智慧大棚的核心部分,设计时要考虑采用什么类型的传感器以及什么类型的接口。比如采用485信号的传感器,就需要采用485信号的接口与核心通信模块进行连接。一般除了安装各种必需的传感器外,还需要安装高清无线摄像头作为视频信号采集设备,直接通过温室大棚内的公共网络上传实时的视频信号。

图4-2 大棚数据采集分区

(二)数据网关等硬件部署

通过传感器和摄像头等采集到的数据和图像都需要通过网络进行传输,因此,在智慧大棚内数据网关是温室大棚内基本数据的传输中间件,一般由微处理器模块、Wi-Fi通信模块、有线传输接口通信模块和继电器控制模块等组成。

1.微处理器模块

微处理器模块作为网关的核心部分,主要起到对传感器设备的协调

和数据的初步处理的作用。根据温室大棚的规模和系统功能实现的成本、数据处理的速度以及安全可靠性等方面，可以选择不同的芯片系列。

2.有线传输接口通信模块

通常近距离的传输可以采用串行通信方式。RS232 和 RS485 是如今比较流行的串行通信方式，但是 RS485 比 RS232 有抗干扰性强、传输距离远、传输速度快和支持节点多的优势，一般数据采集控制单元与数据网关之间选择通过 RS485 进行传输。

3.Wi-Fi通信模块

Wi-Fi通信模块是作为数据网关接入云平台的通信方式，要确保在温室大棚的高温度、高湿度的恶劣环境下数据传输的稳定性和高传输速率，因此在市场上挑选该模块时，要注意其性能参数的比较。

4.继电器控制模块

继电器控制模块作为智慧大棚系统的控制执行部分，是调控温室大棚环境的关键器件。当温室内环境状况出现异常时，可以通过继电器来控制大棚内的电磁水阀、电机、风机、卷帘等大功率设备，安装调试设备如图4-3所示。

图4-3　安装调试传感器等设备

（三）数据管理中心部署

数据管理中心是智慧大棚系统建设的基础设施，数据中心存储大棚区域生产各环节监控信息，是棚区各项应用系统的基础数据源。数据中心的数据来源于棚区农业生产各环节,各环节采集的信息必须输入数据中心的数据库系统或与数据中心的数据库系统无缝交换,整个系统架构如图4-4所示。

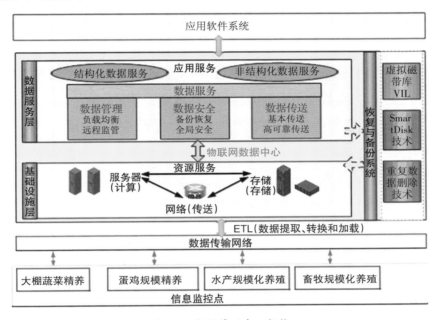

图4-4　数据管理中心架构

数据管理中心包括基础设施层、数据服务层,上层应用软件系统通过数据服务层向下延伸,基础设施层向上发展,演变成智能架构,实现基础设施的自动化。

1.基础设施层

物联网数据中心使用标准的IP语言和网络结合形成智能网络。

智能IP网络基础设施不但支持用户对各种应用的安全访问,还支持服务器层与集群计算资源和应用之间的高速可靠通信。利用核心交换机的智能交换功能,为数据中心提供IP网络基础设施。引入高密度千兆以太网和万兆以太网技术、高可用性服务、集成安全和应用网络服务模块以及软件等新技术,继续增强这些平台对数据中心应用的支持。这些

平台能够在同一个物理交换基础设施上为不同应用层次和服务器集群提供安全隔离环境,解决融合和虚拟化的关键问题。这些平台不但能满足各应用平台对灵活性、可用性和性能的严格要求,其模块化设计还能通过升级,在尽量不干扰业务正常运行的情况下,以较低的成本支持未来技术和服务。将各种重要智能服务,例如防火墙、服务器负载平衡等,直接集成到网络中,需要采用新的数据中心设计方法。引入先进的监控和管理工具,帮助数据中心维护部门主动排障和进行故障分析。

存储网络由软件和硬件构成,能够通过共享网络基础设施实现存储的整合、共享、访问、复制和管理。利用 IP SAN 建立下一代存储网络,以降低总成本,改善业务连续性。引入先进的数据联网经验运用到存储环境中,可以将 VLAN 和 IP 安全技术应用到存储网络中。

2. 数据服务层

数据服务层包括数据管理、数据传送和数据安全服务,其中,数据管理主要实现存储资源化、计算资源化、网络资源化并能动态调整资源匹配数据的读写存放;数据传送包括 WAN 优化、核心网络设备的强整合能力,实现数据中心网络的智能化;数据安全管理中心实现对安全的统一策略并管理。

▶ 第二节 智慧大棚系统整体框架及技术

基于物联网设计的智慧农业大棚,其通信系统可以由三个层次组成:感知层、网络层和应用层。感知层主要感知大棚内空气温度和湿度、光照强度、CO_2浓度、土壤温度和湿度等植物生长环境参数。网络层负责接收和传输由传感器传来的植物环境参数,传送到网关并保存到某种数据库中。应用层负责对存储的各种数据进行分析处理,将信息提供、展

示给用户进行研究,通过手机、电脑等控制终端设备进行远程决策和控制。整体架构图如图4-5所示。

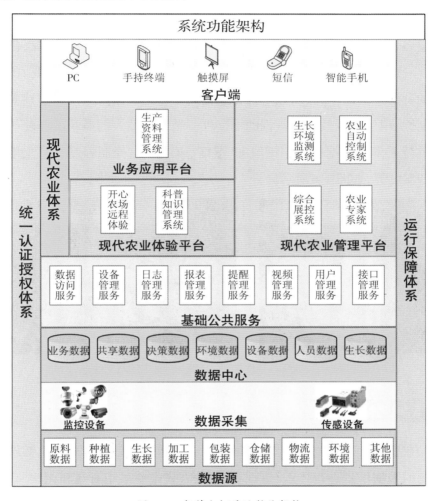

图4-5　智慧大棚系统整体架构

一　感知层

在整个智慧大棚系统中,感知层起到非常重要的作用,一切数据的根源就是由它来提供。该层的主要任务就是通过各类传感器将大棚内农作物本身和生长环境等参数信息进行采集,通过视频监控对大棚内实

时场景进行图像采集等,及时传输并转化为平台可分析处理的数字信息。依据大棚里的作物种类不同,所需布置的传感器种类也有所区别。

传感器为物联网技术中不可缺少的关键部分,它作为感知外界信息的设备,通过利用物理、化学、生物等效应,将被测量中的物理量、化学量、生物量等转换成符合标准的电量。根据不同应用场景的需要,传感器的种类也层出不穷,所以选择传感器时要考虑到系统中所需传感器的稳定性、耐用性以及测量数据的准确性。智慧种植大棚系统中需要传感器进行采集的数据主要包括温度、湿度、CO_2浓度、光照强度以及土壤温度和湿度等,如图4-6所示。

图4-6　用温度和湿度传感器采集数据

二　网络层

在智慧大棚系统中,要求网络层能够快速、可靠、安全地将感知层采集到的数据信息进行传送。目前传输的方式主要采用有线和无线两种,根据大棚的规模和传输距离的远近,以及投入的成本来选择种类。如果大棚的空间范围不大,可以采用有线布局,检测位置相对固定,但是这种方式网络架构成本较高,灵活性不高,不容易拓展检测范围。如果大棚空间范围很大,就要考虑采用低功耗、低成本的无线通信网络进行数据的传输。

1. 有线传输技术

对于传输数据量较大的视频信息，比如大棚内场景监控的视频信息，如图4-7所示，必须通过有线传输技术实现视频数据上传。部署在各监控区域的摄像机将视频信号经过视频传输线传至网络视频服务器，网络视频服务器将视频信号编码压缩，接入本地局域网中，最终视频数据通过园区局域网上传到数据中心集中存储。

图4-7　场景监控

整个系统由中心机房交换机网络、视频服务器设备组成，简单分为前端、后端和远程接入三个部分。

前端部分主要由摄像机和视频编码器组成，其中摄像机采集模拟信息，视频通过视频线、信号线，汇聚至光端机，通过光信号传输至视频编码器；由该编码器将前端摄像机生成的模拟信号转换成数字信号。

后端部分由汇聚层交换机、服务器、存储器组成，分别为视频管理、数据管理和流媒体软件，该软件是基于IP多媒体基础软件平台的DSS（Digital Surveillance System 数字监控系统），是中心管理、设备管理、媒体转发、Web管理服务共有的软件平台。

远程接入部分,防火墙插卡插入路由交换机,提供访问网络地址转换(Network Address Translation,NAT)服务功能,实现内部用户访问Internet,同时为远程用户通过Internet访问内部的IP视频。

网络架构整体划分为4个VLAN:生产区、办公区、视频监控与存储区、设备管理区,做到信息数据的安全隔离和广播风暴的抑制。有线传输网络拓扑结构如图4-8所示。

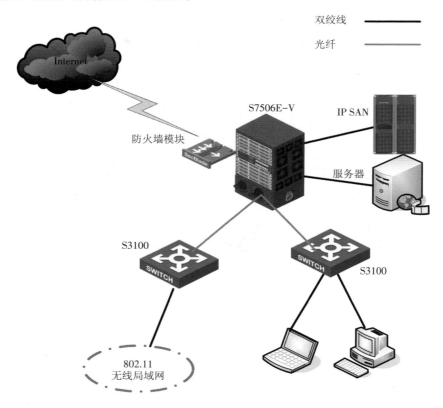

图4-8 有线传输网络拓扑结构

2.无线传输技术

对于传输数据量较小的环境信息,比如大棚内的空气温度和湿度、光照强度等环境信息,可以根据距离将被监测区域划分为若干个子区域,在子区域中构建基于无线传感网络技术的自组织网络。自组织网络由多个传感器节点构成,每个传感器节点包括远程终端设备(RTU)和部署在各个区域负责信息监控的各种农业传感器;RTU用来监视和测量安装在现场的传感器,负责各种传感器的接入,周期性地将测得的状态或信号转换成可在通信媒体上发送的数据格式,然后向上连接数传模块。在每个子区域配置一个本地自组织网络网关和基于移动通信网络技术(GPRS/CDMA)的中央数据节点,对每个子区域自组织传感网络的多个传感器节点进行数据采集和状态监测,通过GPRS/CDMA网络传输到移动通信基站并进入互联网。将各个监控区域的信息实时传送至智慧大棚系统数据中心。无线传输网络拓扑结构如图4-9所示。

Wi-Fi无线通信技术在智慧大棚系统传输中应用比较广泛。它具有较高的数据传输速度,物联网产业中Wi-Fi技术对物与物、物与人之间建立联系起到了重要作用。传感器在前端种植区采集信息,通过网由设备基于局域网无线通信技术Wi-Fi、ZigBee(低功耗局域网协议),进行中继传递或信号放大,最终将采集的数据传到数据中心。在种植区域有线网络无法部署的情况下,实现无线网络技术的可靠传输,方便、快捷地传输到数据中心。大棚内实时监控数据显示如图4-10所示。

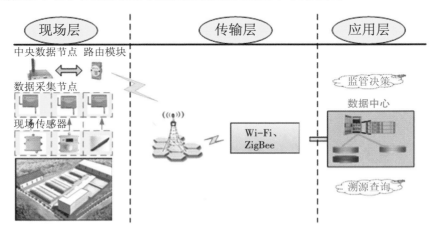

图4-9　无线传输网络拓扑结构

图4-10　大棚内数据实时显示

三 应用层

　　该层的任务是对网络层传输过来的作物生长数据信息做出相应的分析判断,提供各种解决办法等。根据作物的生长要求不同,在应用层开发不同的控制子系统,比如:智能灌溉系统、病虫害诊断系统、生长墒情监测系统等。通过各子系统,及时调控大棚内作物生长环境的各项指标参数,实现智慧农业大棚监控系统具有实时环境监测、远程智能控制、现场环境可视化、数据历史查询等功能。可以更加有效、便捷地控制作物生长所需的环境,优化资源配置,实现农作物的增产、增收,提高农业智慧化管理水平。

▶ 第三节　智慧大棚系统应用案例

　　智慧大棚系统是物联网技术在农业领域的具体应用。结合互联网技术,将一个个终端采集设备接入具有网络连接能力的通信模块,完成相关设备的数据获取、存储、分析处理、决策控制等操作。它是物与物、物与人之间实现通信的桥梁,通常包含以下4个主要部分。

一 展示与监控中心

各大棚区监测点数据汇集到展示与控制中心,将各监测点数据和图像以大屏形式展示,以便管理人员实时观察各个示范点的环境状况。以显示数据为根据,通过软件控制各个区域的环境控制设备,达到作物生长环境控制目标。

展示与监控中心实现视频、传感数据集中展示的平台,展示与监控中心以系统工程、信息工程、自动化控制等理论为指导,将行业最卓越的高清晰液晶显示技术、拼接技术、多屏图像处理技术、网络技术等融合为一体,使整个平台成为一个高亮度、高分辨率、高清晰度、高智能化控制、操作先进的大屏幕显示系统,能够很好地与用户监控系统、指挥调度系统、网络信息系统等连接集成,形成一套功能完善、技术先进的交互式信息显示及管理平台,如图4-11所示。

图4-11 交互式信息显示及管理平台

二 应用软件系统

应用软件系统是整个平台的重要组成部分,主要供智慧大棚的决策者、管理者和技术人员使用,是大棚生产自动化与各项增值业务的工作平台,是实现大棚种植的生产信息化、智能化水平的保证。

1.种植数据监测系统

软件系统对大棚采集到的种植传感器数据进行汇总和分析,对现场实时采集的温室内空气温度、空气湿度、光照强度、土壤温度、土壤湿度、CO_2浓度等环境参数进行分析处理。

用手机或手持终端对蔬菜种植的日常数据,如种植情况、浇水施肥情况、农药使用情况等进行记录,并以直观的图表和曲线的方式显示给用户,如图4-12所示。

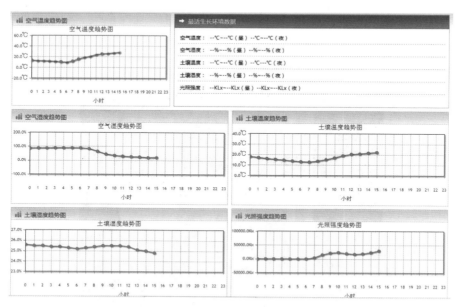

图4-12　种植数据监控

2.种植预警系统

在系统中设置各种环境数据的阈值,如大棚温度阈值超过设置的阈

值,将触发"预警子系统",警示信息通过各种渠道发送给用户,如图4-13所示。

预警信息				
警报类型	预警时间	大棚区域	测量数据	阈值范围
空气湿度-高	2021-09-30 17:10:01	001	98.0%	20%~85%
光照强度-低	2021-09-30 06:18:51	001	79.0Lux	100~35000Lux
空气湿度-高	2021-09-29 08:36:35	001	87.0%	20%~85%
光照强度-低	2021-09-29 06:10:16	001	90.0Lux	100~35000Lux

图4-13 种植预警

3.专家诊断系统

通过查看大棚的作物种植环境数据、视频图像信息,经过专家的远程诊断分析,对作物生产的环境调节进行指导,通过视频图像诊断作物的长势及病虫害情况并提供生产建议。当大棚出现超出阈值设定的高温、低温以及其他报警时,手机短信报警系统会迅速将报警短信发给工作人员,实现大棚真正意义的"自动控制、无人值守、应急报警、有人干预"的控制原则。

(三) 数据管理中心

数据管理中心是整个平台的核心,它存储整个大棚区域的感知数据信息、作物生长的环境信息、生产资料信息、人员信息等,采取集中管理、分类存储、分级共享的方式,确保数据的安全可靠。

通过智慧大棚系统可以查看大棚的实时种植数据信息,包括大棚编号、种植品种、空气温度和湿度、光照强度、土壤温度和湿度、CO_2浓度情况,可以通过选择大棚的名称、种植类型等进行数据查询筛选。如图4-14所示。

数据监测	采集时间: 2021-04-05 00:15:05				打开视频 关闭视频 西红柿大棚
参数环境	001	002	003	004	正常区间
空气温度	12.4℃	10.6℃	11.5℃	12.9℃	7℃~36℃
空气湿度	92.6%	85.6%	87.8%	90.0%	20%~85%
光照强度	12.0Lux	0.0Lux	325.0Lux	325.0Lux	100Lux~35000Lux
二氧化碳	94.8ppm	39.5ppm	219.4ppm	91.4ppm	350ppm~700ppm
土壤温度	20.3℃	16.2℃	16.1℃	17.8℃	5℃~34℃
土壤湿度	0.0%	26.6%	41.3%	30.2%	30%~85%
氨气浓度	0.8mg/L	0.1mg/L	0.0mg/L	0.0mg/L	0mg/L~2mg/L

图 4-14 大棚数据查询

可以通过系统平台查看所有传感器采集到的数据,可以按采集参数进行对比分析。如图 4-15 所示。

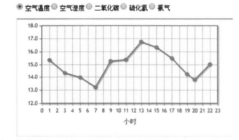
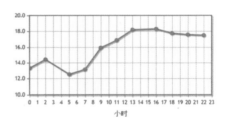
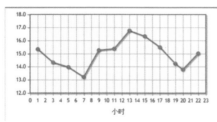

图 4-15 数据曲线分析

（四）信息监控网络

利用物联网技术部署的传感器、射频识别技术等大棚内作物生长环境监测和数据传输设备,建立智能化大棚生产信息监控网络。根据不同监控点的环境、特点及使用方式,动态选择使用有线或无线连接模式,以保证监控点数据稳定、畅通地汇集至数据中心,保证展示终端、业务应用系统与数据中心的安全、稳定交互。信息监控网络架构如图4-16所示。

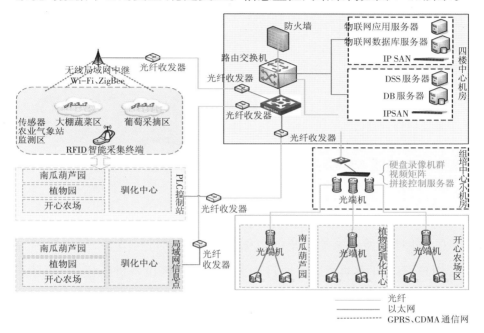

图4-16 信息监控网络架构

1.种植长势监控系统

从软件系统中可以实时查看蔬菜种植大棚的视频监控图像,连栋大棚的摄像头可旋转,拍摄多角度视频图像,实时对大棚种植长势进行跟踪。如图4-17所示。

图 4-17 作物长势监控

2.设备自动控制系统

通过对各类传感器采集的数据和历史数据进行分析,导出数据报表,用户可进行手动开启或通过程序自动对种植设备进行控制,如打开风机通风降温,打开卷帘遮阳等。如图4-18所示。

设备控制（5） 操作历史记录

水泵1的是	⊙开启	无限制	○关闭
空调1	⊙开启	无限制	○关闭
风机1	⊙开启	无限制	○关闭
风机2	○开启	无限制	⊙关闭
风机3	○开启	无限制	⊙关闭

确定

图 4-18 设备自动控制

参考文献

[1] 王鹏亮,安国昊,夏永祥.多媒体技术在智慧蔬菜大棚系统的应用[J].集成电路应用,2020,37(12):40-41.

[2] 赵佰平.基于物联网技术的智慧农业大棚设计与应用[J].农业与技术,2021,41(13):69-71.

[3] 刘正波.基于物联网技术的智慧农业大棚监控系统研究[J].信息与电脑(理论版),2021,33(11):163-165.

[4] 苏堪忠.基于物联网的智慧温室大棚蔬菜种植技术研究[J].农业工程技术,2021,41(6):39-40.

[5] 李学辉,刘三荣,张贵显.基于物联网的智慧农业大棚控制系统的研究[J].微纳电子与智能制造,2020,2(3):16-22.

[6] 张玮.现代智慧农业设施大棚环境监测系统设计[J].计算机测量与控制,2020,28(8):135-138.

[7] 宋承继,陈小健.基于移动互联网的智慧温室大棚监测系统设计[J].自动化技术与应用,2020,39(4):74-76.

[8] 徐锦涛.基于物联网的温室大棚环境监测系统研究与开发[D].包头:内蒙古科技大学,2019.

[9] 陈小健,宋振继.智慧温室大棚移动端监控软件设计与实现[J].农业工程,2019,9(5):31-33.

[10] 杨婉琪,陆永强,张亦睿,等.一种新型智慧大棚的原理与设计[J].农机使用与维修,2019(1):18.

[11] 马佳力,谢娅娅.基于物联网的智慧农业大棚系统的研究与实现[J].信息通信,2019(1):134-135.

[12] 杨常捷,刘任任.基于物联网的智慧大棚种植系统的研究[J].计算技术与自动化,2018,37(3):150-154.

[13] 张海兰,雷桂平.基于物联网的智慧农业大棚系统架构设计[J].信息记录材料,2018,19(2):63-64.

第五章

智慧农业之农产品电子商务

▶ 第一节 农产品上行的基础性工作

一 品控标准

在做农产品电商之前,首先要想到给消费者提供什么样品质、标准的农产品。农产品不像工业产出品那样整齐划一,而是大小不同、品质与颜色各异。在做农产品电商的时候,商家要对自己的产品制定相应的标准,让消费者知道商家向市场提供的是满足什么标准的产品,增加消费者对产品的信任度。这些标准主要包括农产品的分类分级标准,如外观标准、品质标准、生产标准等。外观标准主要包括颜色标准、大小标准、品种标准、成熟度标准等方面;品质标准主要包括产品的酸度、甜度、含糖量、农药残留、特色元素等;生产标准主要包括农产品生产过程、种养过程中实施的温度、湿度、灌溉、施肥等的标准化流程及操作。同时,要通过农产品生产过程的标准化去推动农产品外观标准化与品质标准化,以形成农业企业自己的生产过程标准。

二 包装形象

农产品的包装不仅仅是保护与携带商品,也是农产品卖点诉求、品牌展示、价值增值的有效手段,更是品牌理念、产品特性、消费心理的综合反映。建立在农产品和包装基础之上的形象设计也就是在品牌定位的基础上,根据目标消费群的消费心理以及消费行为模式等相关要素,针对性地选用合适的包装材料,运用巧妙的工艺制作手段,为产品进行的结构造型和包装的美化装饰设计,目的是提高农产品产品销量与品牌的推广能力。农产品包装形象要体现原生态、区域特色文化、时尚性与趣味性。

三 平台模式

　　主要是考虑农产品电商选择什么模式,以及基于该模式选择什么样的平台,如是选择在第三方平台开网店的模式,还是基于微信等社交平台的微商模式等。基于第三方平台开网店的话,是选择淘宝、天猫、京东、邮乐等相对成熟的第三方平台,还是选择一些不是很成熟或影响力不是很大的电商平台,这些都要从多方面综合进行考虑。

四 物流代发

　　主要指农产品电商中的物流方式,如果是生鲜农产品,还要考虑冷链物流。农产品由于品种多、运输量大且不易保鲜,对物流的运输规模和技术条件都有很高的要求,具体物流的选择要考虑是选择第三方物流还是自营物流。单个涉农企业如果采取自营物流方式,将面临较高的设备购置成本,难以取得规模效益,同时,农业物流设施的资产专用性也使企业承担较大的退出风险。因此,对农产品电商而言,尽量选择第三方物流。如果是选择第三方物流,要在现有市场众多第三方物流企业中认真比较,最终确定选择哪一家或几家可信的物流公司。

五 品牌推广

农产品品牌一直被视为企业的无形资产,有影响力的农产品品牌不仅能够提高此农产品市场份额,而且可以引领消费者消费观念,激发消费潜力。农产品电商要树立以质量和诚信为核心的品牌理念,不断挖掘品牌文化内涵,提升农产品品牌附加值和软实力。农产品电商企业应充分利用自媒体、社会媒体、终端消费群体等平台,加速品牌、生产和销售能力的全面升级。鼓励品牌策划机构参与企业品牌培育活动,为企业提供有前瞻性、顺应时代发展特点的品牌培育模式,加快培育一批能够展示"中国制造"和"中国服务"优质形象的品牌与企业。

▶ 第二节 农产品电商主要步骤

一 招商入驻

主要了解各大电商平台的招商标准、平台入驻的资费、入驻流程以及对入驻农产品公司、龙头企业或农业大户的资质要求,最后就是要了解并学会入驻相应电商平台的具体操作过程。

1.招商标准

一般来说,不同电商平台关于农产品的入驻标准主要要求如下。

(1)有机食品。指完全不含人工合成的农药、肥料、生长调节素、催熟剂、家畜禽饲料添加剂的食品。

从生产方式上说,用有机生产方式,在认证机构监督下,完全按有机生产方式生产1～3年(转化期)的食品。

从级别上说,有机食品无级别之分,有机食品在生产过程中不允许使用任何人工合成的化学物质,而且需要3年的过渡期,过渡期生产的产品为"转化期"产品。

(2)绿色食品。指按特定方式生产,经国家有关机构认定,准许使用绿色食品标志的无污染、无公害、安全、优质、营养型的食品。

从生产方式上说,是将传统技术与现代技术相结合,从改善生态农业入手,限制或禁止使用化学合成物,实施从"土壤到餐桌"全程质量控制。

从消费对象上说,市场份额集中于大中城市的高收入人群。

从级别上说,分为A级、AA级。A级允许含适量化学合成物质,AA级禁止含有化学合成物质。

(3)无公害食品。指产地环境、生产过程和终端产品符合无公害标准及规范,经过专门机构认定,许可使用无公害食品标识的食品。

从生产方式上说,有良好生态环境,遵守技术规程,可以科学、合理地使用化学合成物质。

从消费者方面说,满足大众消费,与基本定位相适应。

从级别上看,不分级别,在生产中允许限品种、限数量、限时间地使用人工、合成的安全化学物质。

(4)中国国家地理标志产品。指产自特定地域,所具有的质量、声誉或其他特性本质上取决于该产地的自然因素和人文因素,经审核批准以地理名称进行命名的产品。

(5)中华老字号。指历史悠久,拥有世代传承的产品、技艺或服务,具有鲜明的中华民族传统文化背景和深厚的文化底蕴,取得社会广泛认同,形成良好信誉的品牌。

2.入驻资费

一般来说,入驻第三方电商平台需要交的资费主要有保证金、年费及佣金等。保证金主要用于保证商家按照第三方平台所签订的协议与

规则经营,且在商家有违规行为时根据协议及相关规则规定用于向平台及消费者支付的违约金;年费即软件服务年费的一部分,商家在第三方平台经营必须交纳年费,也就是相当于实体店的柜台租赁费;佣金也是软件服务年费的一部分,商家经营需要按照其销售额一定百分比(简称"费率")向平台交纳佣金。不同的平台、不同的类目相应的资费是不一样的,要求商家在入驻前,做一个全面深入的了解。以在天猫销售某生鲜食品为例,保证金30万元,年费3万元,佣金为2%。

3. 入驻流程

商家入驻第三方平台的流程主要有:首先提交相关资质,然后等待平台对商家提交的资质材料进行审核,一旦通过审核,商家就可以进一步完善网店信息,直至最后的店铺上线。见图5-1。

| 提交资质 | 等待审核 | 签订合约 | 交纳费用 | 完成入驻 |

图5-1　邮乐网商家入驻流程

4. 资质要求

资质要求主要包括企业资质、品牌资质、行业资质三个方面。企业资质如商家营业执照副本、税务登记证副本、法定代表人身份证等;品牌资质主要有商标注册证或商标注册申请受理通知书、相关授权书等;行业资质如食品经营许可证等。商家在第三方平台销售商品,平台往往要求商家提供这些相关资质的证照材料,作为核验商家资质的要求。对销售农产品而言,还要求提交《农产品检测报告》或《农药残留检测报告》、驯养繁殖许可证或动物防疫合格证等。表5-1是平台需要商家提供的常用证照。

表5-1 平台需要商家提供的常用证照

证照种类	所属行业/分类	相关证照
必备证照		营业执照副本
		组织机构代码证
		税务登记证副本
		若销售自有品牌商品需提供： 商标注册证或《商标注册申请受理通知书》
		若作为品牌代理商或经销商销售商品需提供： 完整授权链 • 授权书：有权销售的授权文件或其他证明文件 • 品牌方的商标注册证或《商标注册申请受理通知书》
		若销售进口品牌商品需提供： • 中华人民共和国海关进口货物报关单
		银行开户许可证
		法定代表人身份证
特定行业证照	保健品	保健食品GAP证书或保健食品GMP证书
		保健食品经营企业卫生许可证
		保健食品批准证书或产品声明
	食品	食品生产许可证（生产商）
		食品流通许可证（销售商）
	蛋	驯养繁殖许可证 或 动物防疫合格证
	蔬果	《农产品检测报告》或《农药残留检测报告》（蔬果）
		自产自销证
	鲜活水产	水域滩涂养殖证
		检疫报告（鲜活水产品）
其他证件		有机食品认证
		绿色食品认证
		无公害食品认证
		中国地理标志产品认证
		中华老字号认证

5.入驻操作

商家的入驻操作,主要是商家选择入驻平台,登录入驻页面。如邮乐网商家登录页面如图5-2所示。

图5-2 邮乐网商家入驻登录页面

进入登录页面后,按照系统要求填写相关资料,并提交相关资质材料,提交完毕,等待平台对商家提交的信息和资质进行商家资质审核(一般7个工作日),待审核通过后,线下签署相关合同等。

二 店铺设计

1.店铺装修

主要是网络店铺的装修,首先要根据第三方平台的要求填写好店铺基本信息,然后选择一个合适的模板进行店铺装修(平台提供有多个模板,也可以自己创建模板)。在此过程中要了解店铺设计的一些基本规则,重点要注意店铺首页的装修,涉及店铺LOGO及尺寸、店铺标准头部尺寸、店招(商店的招牌)尺寸、收藏LOGO等。店铺LOGO、店招等图片尽可能保证清晰,文字颜色要易于分辨,文字不超过画面的50%,文字内容有层次;店招要突出店铺特色,设计符合店铺行业特点。

对店铺的标准装修中店铺促销模块的设计,可设置单帧或多帧画面,由于该模块放置店铺促销打折信息,主题内容要突出,如图5-3样例所示。

图5-3　店铺促销模块的设计样例

对产品推荐位的设计,在热卖推荐位部分要放置主要推荐商品;分类推荐位按照产品属性分类或活动分类放置推荐商品,建议每项分类的推荐产品数为4的倍数;左侧分栏推荐位则可根据需要放置活动商品或热卖商品。

其他设计建议:

(1)首页设计基本原则:排列整齐、色彩统一、信息传达明确、店铺特色鲜明。

(2)首页广告图片和商品展示图片基本要求:图片清晰,主体内容显眼,尽量不要出现大量文字和文字遮挡主体物的情况;商品展示图片色调明快,每个图片的版式尽可能统一,使其整体视觉统一整齐。

2.如何打造完美店铺

线上店铺即包括网店开设、网店装修、商品上线发布、产品拍摄及视觉营销。

(1)照片。照片是一个网店或网站的灵魂,店铺该如何拍摄出生动的农产品呢? 要回答这个问题,应从三个方面考虑。

首先,拍的这款农产品照片想要表达的主题是什么;其次,怎样才能通过一些技巧来吸引别人的视线;最后,画面整体感如何,会不会有分散

注意力的物体。

（2）店面的设计、图片选择及剪切。①首页的布局。"一屏论"，想突出的重点放第一屏。②图片的摆放要注意审美的一般规律，如黄金分割线。③自定义促销区。不仅仅是促销，而且要体现出店铺"不可替代性"。

（3）店招的设计要突出品牌、产品、定位三个要素。一个好的产品的描述胜过一位好的销售专员，产品描述的重点包括以下几点：图片清晰，真实展示，注意展示产品的局部细节，展示产品品质引起受众购物欲望，产品尺寸对比及售后服务。

（4）视觉营销三大要素。①价值客观化：如何变现产品和突显产品的独特价值，用图画与消费者做无声沟通。②传达标准化：如何定制网店的视觉标准，设定标准色、标准UI（界面设计）、标准风格；培养消费者接受和获取信息习惯，增加核心竞争力。③设计模块化：如何管理网店的设计工作，积累模板和素材，为旺季做好准备；如何利用设备评判设计的适用性，让所有设计工作模块化、数据化。

3.农产品电商美工主要工作内容

（1）摄影器材跟电脑配件的选购。拍照需要最基本的两样器材即单反相机和摄影棚。

（2）产品拍照。拍照的好坏决定了后面设计的难易程度，从设计环节上做考虑，会设计的人也要会摄影，这两方面是相互交织在一起的。摄影环节是为设计做铺垫的，设计人员会摄影，可以省去不少拍摄时间，因为他更懂得拍摄哪些照片、从哪些角度去拍摄。

（3）主图、详情页的制作。主图是影响点击量的首要因素，而详情页则决定了后面转化率的高低。文字过多的主图是不美观且影响排名搜索的，所以，对于主图的选取尽量简洁美观，提炼出一两个卖点足矣，多了没人记得住而且还没有效果。不管哪个行业，根据经验制作详情页一般分为这几个部分:①产品海报;②产品属性;③产品卖点;④产品细节;⑤产品用途;⑥产品不同角度展示;⑦可选颜色;⑧送礼(买即送内容);⑨品质保证;⑩关联营销。这10个部分不一定都一一做出来,这些都是基础设计。在基础之上,我们再突出自己的品牌,注重品牌。

(4)首页的制作。首页如同线下店面,在大商场里面购物跟街边地摊上购物的感觉是不一样的。首页是品牌形象的象征,起分流的作用。好的首页设计总是可以给人高端大气上档次的感觉,增加买家的信心。然而做好首页是一件需要下功夫研究的事情,这关系到色彩的搭配、背景的选择、产品的分类,配合不同活动制作不同的首页,没有一定专业知识跟经验是很难搞好的。

(5)活动图片的制作。其中包括推广图、节假日图、各种引流图等,不一而足。建议制作的时候可以多设计几种不同搭配方案出来,如果引流图都没有做好的话,如何为下面的详情页展示做铺垫? 设计的时候有这几点建议:醒目的产品卖点提炼、价格的字体加粗、醒目的产品主体。

(6)同行店铺设计的分析。其中包括对同行店铺首页、主图、详情页、引流图的分析、模仿。毕竟如果没有做对比,我们永远不清楚跟同行的距离有多远,特别是设计,只有不断地跟上潮流,才能不致被甩在后面。

(7)公司门户网站的设计。除了电商之内的图片制作之外,如果有需要往更宽广的方向发展,建立一个公司的门户网站是必不可少的。如果有必要,还可以制作一个独立商城。一旦建立起有一定知名度的自己品牌,自然不怕后面的流量流失。电商平台跟自己的平台双管齐下配合起来,这也是一个发展趋势。

(8)图片素材的收集整理分类。对于一大堆的产品拍照图、各个电商平台的图、详情页的图、自己网站的图、各种素材图,这些图的总量很

大,分类是非常必要的。一个简洁明了的分类文件夹对于工作可以起到事半功倍的作用。

(9)FLASH动画的制作、视频的制作。这是对美工更高的要求,FLASH动画、视频的制作可以说是由另一个专业的人来完成了,但制作FLASH动画效果、视频对电商的销售无异于如虎添翼,这是一种趋势。

三 商品形象设计

1.商品详情页设计

主图。A.主图为正方形,建议尺寸:450×450像素;建议大小:<100 k。

B.店铺所有主图的首图背景和版式尽量统一,背景尽量选择白色或者浅色。

C.主图最多可以上传5张,根据商品类型不同给出以下建议:

1)有外包装有品牌的商品,可选择不同角度拍摄商品,突出产品的细节特色,如带包装正面形象图可搭配LOGO和活动促销文字等;商品内容物细节图可选择近距拍摄,突出产品的质感和细节;商品包装上的产品信息展示图可选择合适角度拍摄,展示包装上的产品信息和生产安全信息,如配料表、产地信息、条码信息、QS等;商品其他细节展示图可根据不同产品特征选择能展示该产品特色的图片,例如茶叶/干货类的泡发效果图片、坚果类的去皮去壳或剖面图等,如图5-4所示。

（a）商品带包装正面
形象图

（b）商品带包装细节图

（c）商品内容物细节图

（d）商品包
装上的产品
信息展示图

（e）其他细节展示图

图5-4　带包装的农产品展示图

2）生鲜类商品：商品正面组合形象图，建议图片包含产品正面完整形象、剖面形象、促销或卖点信息，也可添加背景或辅助效果，如图5-5所示。

图5-5　生鲜类农产品正面组合形象图

商品完整形象图，建议放置产品完整的正面形象，尽量不要添加杂乱背景或其他道具，如图5-6所示。

图5-6 生鲜类农产品完整形象图

商品细节图,放置产品细节特写,突出产品特征,画面诱人,如图5-7所示。

图5-7 生鲜类农产品细节图

商品包装图,建议放置产品包装示意图,表现包装精美或安全保鲜的特征,如图5-8所示。

图5-8 生鲜类农产品包装图

产品生长环境示意图,建议放置产品的产地的风光图片,体现产品生产的生态良好、环境优美;或者放置产品在生长环境中的图片,体现产品的新鲜。如图5-9所示。

图5-9　生鲜类农产品生长环境示意图

2.商品详情介绍

不同商品品类格式不同,以农产品为例。

(1)商品属性。放置产品基本属性内容,如品名、规格、包装、产地、等级等,信息要真实有效,如图5-10所示。

产品档案

名称:富士苹果
口感:脆甜多汁,鲜嫩爽口
产地:陕西关中
包装特色:套膜袋
储存:常温保存,冷藏保鲜

图5-10　农产品基本属性展示图

(2)特殊信息告示。没有特别说明无须放置,对产品非常规信息,包括配送时间、注意事项、赔付与退货等应进行说明,如图5-11所示。

温馨小提示

关于赔付

1.表皮被枝叶磨损,着色不均,底色有些绿,口感不喜欢,以及由于收件人电话关机、停机、拒收和地址不详等延迟签收导致坏果,不在理赔范围。
2.生鲜类目在运输中难免磕碰,我们承诺坏果包赔。收到坏果请在24小时内,把坏果和快递单放一起拍照,并联系客服赔付。
理赔标准:单价×损坏数量。单价=产品售价÷总个数注意:由于运输颠簸导致个别果子有轻微擦伤磕伤,不影响食用的不在理赔范围。

关于退货

生鲜类目不支持退货,如有问题请在24小时内把坏果和快递单放一起拍照,并联系客服。我们会按实际损失赔偿,超时概不受理哦。

图5-11　农产品有关特殊信息告示图

(3)商品详情。放置产品详细介绍,包括产品图片、细节图片、产地、规格说明、尺寸对比图片、特点说明、营养成分介绍等,信息尽可能地详细、真实,配图清晰;内文文字建议使用14号微软雅黑或宋体,字体颜色建议深色,方便阅读;标题文字建议使用统一样式,使画面整齐。如图5-12所示。

图5-12 农产品详情展示图

（4）食用方法。介绍产品如何制作、食用以及相关食谱推荐，如图5-13所示。

图5-13 农产品食用方法展示图

（5）储藏方法。介绍产品如何更好地储藏保存等信息。

（6）品牌故事。介绍品牌相关的典故、特色、优势等。

图5-14 农产品品牌信息展示图

商品详情页宽度为760像素，长度尽量控制在10屏（约6 000像素）以内。太长的话，顾客没有耐心阅读，尽量不要出现大段的文字，可以将大段文字归纳成几项重点。同时，方便顾客的信息抓取，避免阅读疲劳；配图要与文字相关，图片清晰。如文字放在图片上，不要遮挡图片主体物。

需要注意的是整体颜色不要杂乱,文字的颜色控制在三种以内。标题性文字要适当放大突出,和详细文字要有对比,重点明确。如图5-14所示。

3.农产品卖点挖掘

在同一农产品的定位上,品牌拉力、产品技术,甚至营销手法相同或接近相同时,如何进行差异化卖点提炼,是营销能否成功的关键因素。

(1)搞免费试用活动,通过试客留言,了解该商品对于试客的吸引点。店铺刚刚推出的新款或者爆款、预热款,可以拿出一部分用来搞免费试用活动。通过免费试用来吸引潜在买家对商品的大量关注,有了关注就会有留言,很多留言都会说明该款商品的亮点。店铺可以通过收集这些流量信息,分析出店铺商品的亮点,通过亮点找出卖点。

(2)通过试用报告找出商品卖点。店铺发布试用活动的通知,通过试用活动将收集到消费者试用商品过后反馈回来的详细试用报告。这些试用报告中会以文字配合图片记录整个试用商品的流程、体验感、商品细节等。店铺就可以通过试用报告的信息整合找出商品的卖点。

(3)通过试客的分享找出商品卖点。试客在拿到试用品之后都会在微博、空间、美丽说等平台进行分享,这些分享大多以文字配合图片及链接的形式展现,而且文字要求精练。这就需要试客从试用商品过程中提取出商品的最优点来进行分享,通过最优点分享精确表达出该商品的卖点。因此店铺可以通过收集试客的分享来快速找出店铺商品的卖点。

通过对以上三个地方收集而来的卖点进行分析整合,快速找出商品卖点,再针对商品卖点找出适合该商品的推广方式,通过大量的推广为店铺爆款打好宣传基础,最终给店铺带来销量。

(四)物流包装

1.农产品物流现状

农产品物流是指农产品从生产、收购、储存、运输、加工到消费领域的整个配送过程以及其中的一切增值活动。它涵盖农产品生产布局、品种流向的确定、农产品实体运动所必需的装卸、储运及加工增值的环节链系统。农产品交易链及其流通环节多,在农产品交易过程中,除了生产者和消费者外还有农产品产地、销地市场,甚至多种成分的中间商存在,因此农产品物流目前存在几方面问题:一是农产品数量特别大,品种特别多;二是农产品物流要求高,物流过程中要求做到不污染、不变质;三是由于农产品价格较低,一定要做到低成本运行;四是农产品存在包装难、运输难、仓储难等问题;五是农产品标准化存在制定标准和标准执行难的问题,并且农产品在运输条件及质量规格等方面不同于其他商品,物流相对复杂得多。关于这方面的知识,请参看本书第六章"智慧农业之智慧物流与农产品溯源"相关内容。

2.农产品电商包裹收寄

(1)详情单。目前包括邮政、顺丰、圆通等物流企业使用热敏详情单,由电商联系物流企业进行上门揽收包裹,并由相关面单系统打印详情单,收寄端详情单清晰、准确填写收件人地址和联系电话。

(2)包装规范。以生鲜类农产品为主,建议供应商使用塑料泡沫箱和纸箱双层包装,单件不超过40 kg(含包装),邮件最长边不超过1.5 m。净重较重的农产品(如大米)等建议通过物流方式进行寄递。

3.农产品包装分类

(1)运输损耗类。农产品中有很多品类在运输过程中会产生破损,导致商家和顾客的利益受损。为减少易破损商品的损耗,针对易碎商品,要采取相应的减震抗摔包装方案。以鸡蛋为例,包装时,在包装盒中添加麦糠以达到减震抗摔的目的。

(2)运输时限类。很多生鲜产品为保证其品质,对于运输时限有着严格的要求。对于这类产品,也要有严格的包装标准。以草莓为例,包装时可采用网兜包装,在保证草莓透气性的同时,起到很好的防挤压

效果。

（3）商品滞销类。由于运输和包装限制，很多优势产品单纯通过线下销售，销售情况始终不尽如人意，一些农产品电商平台可以为这类产品提供优质的网络销售方式。

（4）附加值提升类。有些农产品质优价廉，但是由于包装过于简陋，使产品档次过低，大大影响了销量和销售价格，打击了商家的经营热情，也影响了企业的效益。对于这类产品，可以重新设计包装，在网站重磅推出，使产品焕然一新，大大提升产品的价格。

五 网店运营

1.线下商户到线上商户的转型

（1）品牌全新定位。传统品牌面对电子商务时往往认知不高，大多是将其作为线下渠道的延伸，作为一个新的销货渠道，更为甚者仅将其视为一个清理库存的渠道。实际上，抱着这种认知的企业，基本上没有成功的案例。因为电子商务面对的是一个全新的人群市场，网购消费者虽然会对品牌有一定的感知，但他们其实更年轻、更时尚、更注重线上购物的体验感，同时因为互联网的特性，比较和选择相关的商品更加方便，这就要求传统品牌为网购消费者进行全新的定位，并全新地构建运营模式和服务模式。

（2）商品定价统一。对于传统品牌来说，商品运作的核心问题是：线上线下的商品是做差异化还是沿用线下？与线下相同的商品应该如何定价？在电子商务业务开创的初期，建议可直接用线下的商品在线上进行销售，包括过季存量商品的打折清货，但同时也需要为线上开发少量的特供款，以作为网购消费者的体验款；在此阶段，新品的线上线下需要定价一致，其他的商品在线上销售的可以有一定折扣，以便于快速积累线上用户。但步入发展的中期，线上线下商品应以差异化为主，差异商品一般占60%~70%,不然将受到线下价格体系和加盟体系的过度干扰,不利于快速发展;在此阶段,对于非差异化商品,需要统一定价,以增强品牌真实感。

(3)改善线下的服务标准。平台上线后,肯定会有客户来实体店消费,而这个来自线上的客户,可是比线下的难缠得多,服务不好给个差评,降低排名,影响未来的生意。因为没有线下的砍价交流,来到店铺的客户会自认为就是来享受服务的,所以这个时候对服务的考验很大,无论是售前还是售后,服务的改善对企业来说是利大于弊的。

(4)合理利用和管理客户数据。O2O所带来的新的机会,大多存在于需要产品+服务或者是能提供更为便捷的非标准化服务才能完成的生活类消费。首先是有个性化需求的消费,比如家具定制、服装定制;其次是即时性的生活需求,诸如订车、订酒店等服务,比如国内的在线订车网站易到用车网,通过PC端或手机客户端线上支付完成预订,司机按约定时间到达,完成用车服务。

(5)适当利用促销券等工具。在做好服务、数据的同时,适当地配合线上促销消息,利用抵金券、消费券等促销手段,或者利用平台上的推广工具,又或者利用社交媒体进行话题营销,等等,在加深品牌印象的基础上,提高流量,获得成交。

(6)线上线下的结合,是为顾客体验而结合。不能为结合而结合,而是为了顾客的体验。对于那些有条件的企业来说(如对渠道有很强掌控力),应充分利用线上的优势来弥补线下的不足,而不是让实体和网络都去竞赛抢生意。比如,顾客到实体门店去购物,碰上缺货,那么顾客可以在门店的电脑上下单并且包邮到家;顾客在网上购物,获得的积分,可以在门店使用;顾客可在微博上参加转发有奖的活动,还可以到附近的门店去领取奖品等,真正的线上线下结合,是为了更好地满足顾客的需要,让顾客感觉到无处不在的关怀和体贴,不管在哪里与这个品牌产生关

系,都有更完美的感受,线上和线下都能充分发挥自己的优势,互补有无,才能缔造更有价值的品牌。

2.订单管理

(1)订单管理的职责:日常订单的审核处理(正常订单和问题订单的处理),保证订单信息准确无误地传输给库房发货环节,对客服提交反馈的售后问题进行及时有效的处理,包括信息更改、退款、退换货等状况,并及时给予处理结果的反馈,对所有订单涉及的各项数据报表进行及时的汇总和整理,并及时对订单日常问题涉及的部门给予反馈和建议等。

(2)订单的8种状态:未确认未付款、已确认未付款、已发货、退款中的订单、退款成功、未处理已确认已付款、已处理已确认已付款、已处理已发货。

(3)订单处理的关键因素:①处理订单的原则:先收到的订单先处理、简单的订单先处理、承诺尽快发货的订单先处理、相同商品的订单先处理、相同快递的订单先处理。②处理订单的时间控制:未付款订单的催款(48 h内)、已付款订单的发货处理(72 h内)、库存显示无货订单(当天通知)、地址模糊无法即时分派快递公司的订单(当天通知)。③订单信息的准确性:买家留言、卖家备注、快递分配。

3.提升店铺流量

(1)标题优化。标题是什么?标题就是市场,你的标题就是你的产品销售市场,你的标题好,你的市场大,你就有生意做。另外,假如是没有知名度的品牌,你的标题关键词可以省掉,至于标题空格,在不影响阅读和理解的前提下可以减少。

(2)上下架时间。上下架时间建议还是采用软件好一些。上下架的黄金时段是9:00—12:00,13:30—17:30,19:00—23:00。这里要特别提醒一点的是:如果你是小卖家,没必要去竞争黄金时段的上下架时间。你看这个时间有多少人在忙着上架?有多少优质宝贝?扪心自问,你竞争得过吗？如果竞争不过,不如退而求其次,选择竞争较少、交易相对较多的时间上架。如果你只是白天在线而晚上不在线,那你的宝贝就不要在晚上上线,避免出现顾客咨询时你店里没人。

（3）橱窗推荐要百分百利用。不是所有橱窗都用上了,就叫作百分百利用。首先,选出重点优质宝贝长期橱窗推荐,有销量的宝贝一定要长期加入橱窗推广,作为重点引流的宝贝。第三,剩下的宝贝再减去不必推荐的,按照优先推荐快下架宝贝的原则去推荐。再次,宝贝在一周时间里的分布要均匀,不要今天全部是这一类的,明天全部是那一类的。最后,还有一点要特别强调:就是每天起床后和每天睡觉前,都检查一下自己的橱窗有没有全部利用上。

（4）抓住商品发布的要点。关于发布商品,具体就是指发布商品图片、描述、属性等。对小卖家来说,弄出唯美的图片不太可能,所以要另辟蹊径。淘宝有很多唯美的图片,买家都会质疑是否ps,我们就可以突出我们的宝贝,就是所见即所得,贵在真实。图片一定要清楚,可以不唯美,但一定要美观大方。简单说一下比较好的文案。促销热卖信息——本店已加入消保支持退换货等——买家评价——宝贝质量细节实拍——真伪对比——真人实拍——买家评价——结束语。属性就是宝贝最上面的那一栏,比如宝贝的长宽高、材质、适用人群等。这里面就一个原则,本着实事求是的原则尽量写满,能多写的,不要写少了。

（5）积极参与平台活动。对平台的活动,能上的尽量上,好多活动其实没那么难,看着步骤麻烦,其实自己试试真的很简单。很多活动门槛并不高,销量的要求自己想办法满足。要注意,报名成功知名的活动以后,流量会很大,客服应答时间、发货速度等都要考虑进去,以免活动结束后,因为前期准备不足造成动态评分下降,那样就得不偿失了。还是那句话,做事之前想清楚,要务实。

（6）做好站外推广。站外推广是自己做推广不花钱的那种。比如百

度、QQ、微博、微信等。站外推广引流可能是比较粗犷不精确的流量,这个需要做一段时间以后自己分析一下,什么途径有效果了,有效果的途径就要加大投入,没效果的途径可以考虑放弃。这种推广见效慢,一定要坚持,不要广告内容太多,引起顾客反感。

(7)掌握宝贝收藏量与浏览量的度。众所周知,宝贝的收藏量和浏览量代表着宝贝的人气,而人气度是排名的指标之一。所以特别提醒大家,不要去刷什么流量。举个例子说明,宝贝的收藏量1万、浏览量2万、成交量100,您觉得这个宝贝会成为人气宝贝吗?淘宝的宝贝排名是综合指数,参考的东西很多。如果你的宝贝属于某一种参考值"异军突起",不但无益于排名,反而会适得其反。很多东西要掌握节奏,无用的收藏量是没用的,不要刻意去把收藏量弄得很高。

(8)设置关联销售。关联销售最好的位置就是宝贝的开头部分,就是在你这款宝贝的最上面的位置。关联销售的数量不要多,弄得很多的话,顾客会很厌烦。因为顾客是看到这款宝贝进来的,你展示很多其他的宝贝,顾客不一定会喜欢,弄多了没准弄巧成拙,让顾客直接走掉。因此,最好不要超过6个,可以采用4个关联销售加2个团购这种模式。关联销售不建议只弄一套模板,即不要所有宝贝的关联销售都是同一种,这样基本起不到什么作用。比如银耳,可以关联一下百合;苹果,就关联店铺内的其他水果。总之不要做得千篇一律。

六 网店客服

1.农产品电商客户服务

客户服务主要体现在:售前做好咨询服务,解决好客户对商品的疑问,促成购买;售中要及时跟进物流情况、客户反馈;售后要解决客户收到商品后的问题。对于老客户,要定期联系,做好客户关系管理,维系住老客户,提高他们的复购率。客服过程中需注意的问题如下。

（1）假定准顾客已经同意购买。当准顾客一再出现购买信号，却又犹豫不决时，在线客服可采用"二选其一"的技巧。譬如，在线客服可对顾客说："请问您要那部浅灰色的手机还是银白色的呢？"或是说："请问是星期二还是星期三送到您府上？"此种"二选其一"的问话技巧，只要准顾客选中一个，其实就是你帮他拿主意，让他下决心购买。

（2）帮助准顾客挑选。许多准顾客即使有意购买，也不喜欢迅速签下订单，总要东挑西拣，在产品规格、式样、交货日期等上不停地打转。这时，聪明的在线客服就要改变策略，暂时不谈订单的问题，转而热情地帮对方挑选规格、式样、交货日期等。一旦上述问题解决，你的订单也就落实了。

（3）利用"怕买不到"的心理。对越是得不到、买不到的东西，人们就越想得到它、买到它。在线客服可利用这种"怕买不到"的心理来促成订单。譬如，在线客服可对顾客说："这种产品只剩最后一个了，短期内不再进货，你不买就没有了。"或说："今天是优惠价的截止日，请把握良机，明天就不是这种折扣价了。"

（4）先买一点试用看看。顾客想要买你的产品，可又对产品没有信心时，在线客服可建议对方先买一点试用。刚开始订单数量可能比较有限，但对方试用满意之后，就可能给你大订单了，"试用看看"的技巧也可帮准顾客下决心购买。

（5）欲擒故纵。有些准顾客天生优柔寡断，他虽然对你的产品有兴趣，可是拖拖拉拉，迟迟不做决定。这时，在线客服不妨故意装着很忙要接待其他顾客，做出无暇顾及他的样子。这种"行为"的举动，有时会促使对方下决心。

（6）反问式的回答。所谓反问式的回答，就是当准顾客问到某种产品，不巧正好没有时，运用反问来促成订单。举例来说，准顾客问："你们有银白色手机吗？"这时，在线客服不可直接回答没有，而应该反问道：

"抱歉,我们现在只有白色、棕色、粉红色的,这几种颜色里,您比较喜欢哪一种呢?"

(7)快刀斩乱麻。上述几种技巧都不能打动对方时,在线客服就得使出撒手锏,快刀斩乱麻,直接要求准顾客签订单。譬如,直截了当地对他说:"如果您不想错过好东西的话,就快下单吧!"

(8)拜师学艺,态度谦虚。在客服费尽口舌,使出浑身解数都无效,眼看这笔生意做不成时,不妨试试这个方法。譬如说:"虽然我知道我们的产品绝对适合您,可我能力太差了,无法说服您,我认输了。不过,请您指出我的不足,让我有一个改进的机会好吗?"像这种谦卑的话语,不但很容易满足对方的虚荣心,而且会消除彼此之间的对抗情绪。他会一边指点你,一边鼓励你,为了给你打气,有时会给你一张意料之外的订单。

2.客户维护

(1)与客户建立联系通道。这个很简单,邮件、短信、站内信足矣。技术上做好这三个通道就行。

(2)要知道客户需要什么。客户购买你的产品做什么?客户需要什么时候购买你的产品?每一年做市场计划前,都需要先想明白这些问题,然后再设计促销邮件、短信、活动等。只有满足客户需求,或启发客户想到自己需求的邮件和短信,客户才不会感到被骚扰。

(3)建立客户等级,对高级别的客户给予真的实惠。建立客户等级谁都会,但是真正能给高等级会员高级服务的却很少,基本都是打个象征性的折扣就完事,这对于激发客户消费欲望是远远不够的。这点做得比较好的是京东,金银铜三级会员很常见,免运费、上门退换这些一般企业也做不了,但是定时举办的只针对高级会员的特卖场(如金牌会员特卖场,5款产品,一律5折),只有高级会员可以参加抢购(某产品3折限量,前1小时只能金牌会员购买,再过1小时银牌会员也可以购买,类推）。这些方式对维持高级会员的购买欲望帮助更大。只要算好账，控制特卖的产品数量对正常销售没有负面影响就行了。不要计较一次特卖会赔钱，因为每次销售的数量并不大，而销量起不来，公司的损失会更大。

（4）让客户社交需要用到你的网站。社交是SNS社会性网络的特长，但是电商网站有自己的优势，就是有实物，而社交一定会用到实物，初期的团购网就是将电商和社交结合得比较好的例子。再举个具体点的例子，代金券复制功能，会员之间可以建立好友关系，某会员有代金券一张，可以复制一次，复制后的代金券只能让自己的好友使用。

（5）保留让客户购买或使用产品更方便的信息。在老北京，有很多鞋店，顾客买过一次鞋，店里就记录下顾客的脚型，以后顾客再买鞋，只用打个招呼，鞋店就会送来特别合脚的鞋。在数字化的今天，这种方式仍然可行，具体的方式，要根据产品的属性来设定。

（6）让客户把钱放到你这里。充值卡这类方式现在电商做还不太现实，但是钱少点没关系，只要客户有钱在你这，一定会记得你的。最常见的办法，推出一些产品，价值10元的卖10元，但是再送10元，难点在于送的这10元是以什么形式送的。比如一次运费是10元，可以包邮卡的形式让顾客支付运费，而包邮卡可以在5次购买中免收运费。别心疼你的那点运费，争取来一个客户的成本可比运费高很多。

第三节 移动电商与社交电商

一 移动电商

1.什么是移动电商

移动电子商务（ME‒commerce）是指通过手机、笔记本电脑等移动通信设备与无线上网技术结合所构成的一个电子商务体系。它将因特网、移动通信技术、短距离通信技术及其他信息处理技术完美地结合，使人们可以在任何时间、任何地点进行各种商贸活动，实现随时随地、线上线下的购物与交易、在线电子支付以及各种交易活动、商务活动、金融活动和相关的综合服务活动等。

2.移动电商的主要特点

一是方便。移动终端既是一个移动通信工具，又是一个移动POS机、一个移动的银行ATM机。用户可在任何时间、任何地点进行电子商务交易和办理银行业务，包括支付。二是安全。使用手机银行业务的客户可更换为大容量的SIM卡，使用银行可靠的密钥，对信息进行加密，传输过程全部使用密文，确保安全可靠。三是迅速灵活。用户可根据需要灵活选择访问和支付方法，并设置个性化的信息格式。

3.移动电商用户消费特点

（1）消费移动化、碎片化。随着生活节奏的加快，民众很少有整块的时间去逛街购物，闲暇时间十分零碎。实体店对消费者的购物时间和地点存在很大的限制，已经逐渐满足不了人们的购物需求。随着智能手机以及移动互联网技术的发展，移动用户可以利用上下班、入睡前等碎片时间进行购物，并且可以在很短的时间内浏览大量的商品，不受时间与地点限制,对各个店铺的性价比进行比较,最终选择自己心仪的商品。

(2)需求个性化。随着科学技术和时代的发展,民众逐渐摆脱了工业时代的标准化,在信息化的时代,更加注重个性的张扬,新成长起来的消费者群体具有十分鲜明的个性化需求,我国的模仿型排浪式消费阶段已经基本结束。

(3)入口多元化。在智能手机与移动互联网技术流行的今天,各种各样的手机客户端给用户提供了很大的便利。用户买东西可以直接打开天猫、淘宝客户端,想聊天可以直接打开微信、QQ客户端,用户所有的需求都被细化成每一个客户端,实现了用户消费入口的多元化。

(4)决策逐渐理性化。俗话说"货比三家",消费者对不同店家的同种商品进行比较,可以形成理性、合理的消费习惯,但是在传统的消费模式下,碍于路程等原因,消费者很难做到货比三家,但随着人机互动技术的成熟,消费者能够便捷地将多个店家的同种商品进行对比后再进行购买。手机移动平台有搜索功能,用户不断添加关键词,可以缩小搜索范围,更快、更加准确地找到目标商品。此外,多种第三方平台的兴起也为消费者提供了更多的消费参考。

二 社交电商

社交电商是电子商务的一种衍生模式,它借助社交网站、微博、社交媒介、网络媒介的传播途径,通过社交互动、用户生成内容等手段来辅助商品的购买和销售行为。社交电商是电子商务和社交媒体的融合,以信任为核心的社交型交易模式。简单地说就是,可以用现在流行的社交软件作为工具,通过与粉丝互动,获取粉丝信任,建立个人IP,售卖商品。拼多多就是最典型和最成功的社交电商之一。

早在2015年9月,拼多多注册成立,此后3年在微信中开疆扩土,直到2018年拼多多上市,社交电商被推向风口浪尖后人们才发现,原来被

阿里、京东占领的电商市场,还有6亿人的下沉市场未被挖掘。拼多多创新的拼单模式,是社交场景+购物需求的最佳产物,也是激发微信生态系统内庞大社交流量的最佳手段。没有微信,拼多多难以实现今天的规模;没有拼多多,微信生态下巨大的流量也无法被激发得如此彻底。可以说,拼多多的成功就是社交电商的成功。

三 社区团购、社群团购

社区团购和社群团购尽管只有一字之差,但这两者存在一些明显的区别。最开始社区团购起源于简单的生活生鲜类产品,比如水果、海鲜、蔬菜等,都是平时生活必需的产品品种,总的来说还是以生活刚需品为主。而社群团购则涵盖了所有的生活所需的产品,不仅包括社区团购的产品生鲜类,还有美妆、服饰、电器等。品种更加齐全,可供客户选的更多。从某种意义上讲,社区团购应该算是社群团购细化出来的一部分,只不过在配送模式上更精进了一些。相对来说,社区团购更容易,因为其轻运营、易复制,而社群团购的未来将是大平台。站在用户角度,社区团购模式能让用户收获种类更丰富的商品、更简单的下单方式,还有更优惠的价格。

参考文献

[1] 浙江省网商协会.直播电子商务管理规范:TZJWS001-2020[S].2020-11-09.

[2] 宋芬.农产品电子商务[M].北京:中国人民大学出版社,2018.

[3] 杨丹.智慧农业实践[M].北京:人民邮电出版社,2019.

[4] 李道亮.物联网与智慧农业[M].北京:人民邮电出版社,2021.

第六章 智慧农业之智慧物流与农产品溯源

▶ 第一节 农产品溯源及其主要技术

一 农产品追溯体系简介

近年来,政府多次出台重农强农的政策措施,逐步实现推进农业信息服务技术发展,重点开发信息采集、精准作业和管理信息、远程数字化和可视化、农产品安全预警等技术,从而不断促进企业"生产经营信息化"。

农产品追溯体系包括外部追溯(政府的责任追溯)和内部追溯(企业的产品追溯)。其核心要素有三个:农产品标识、生产过程记录、追溯信息管理系统。

农产品追溯系统又叫农产品安全溯源系统或农产品质量追溯系统。目前一品一码农产品追溯系统是智慧农业网综合运用先进的物联网、移动互联网、二维码、RFID等物联网技术手段研发的农产品安全追溯生产管理系统。该系统为消费者打通一条深入了解农产品生产信息的可信通路,解决了供需双方信息不对称、不透明问题,为农产品安全保驾护航;同时实现了对农业生产、流通等环节信息的溯源管理,为政府部门提供监督、管理、支持和决策的依据,为企业建立包含生产、物流、销售的

可信流通体系。

　　一品一码农产品追溯系统是消费者购买农产品的溯源依据,更是企业全面展示、营销优质农产品的利器。对于食品链条内所有信息的追溯是不可能的,追溯信息的标准要依据其目标。通常,追溯广度、深度、精确度要求越高,花费的时间、精力、成本越大。

　　国家农产品质量安全追溯管理信息平台(以下简称"国家追溯平台",http://www.qsst.moa.gov.cn)是农产品质量安全智慧监管和国家电子政务建设的重要内容,由农业农村部农产品质量安全中心开发建设,包括追溯、监管、监测、执法四大系统,指挥调度中心和国家农产品质量安全监管追溯信息网,以"提升政府智慧监管能力,规范主体生产经营行为,增强社会公众消费信心"为宗旨,为各级农产品质量安全监管机构、检测机构、执法机构以及广大农产品生产经营者、社会大众提供信息化服务。见图6-1至图6-2。

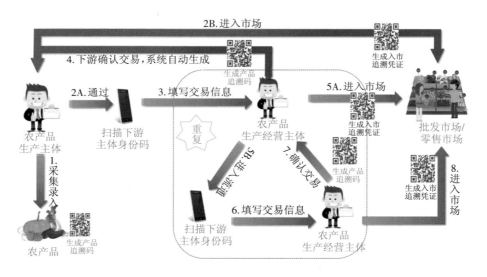

图6-1　国家农产品质量安全追溯管理信息平台

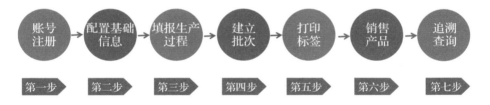

图6-2　生产经营主体使用国家追溯平台操作步骤

生产经营主体打开国家追溯平台系统进入注册页面,官网网址: www.qsst.moa.gov.cn。在注册页面创建新用户账号,填报主体基础信息, 上传相关证明材料,提交注册申请。

县级监管机构审核注册申请,审核通过后,开通账号使用权限,生产 经营主体就可以使用国家追溯平台开展追溯操作。

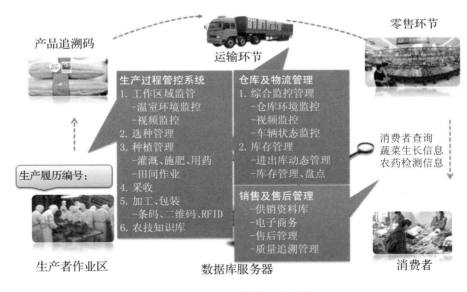

图6-3　一品一码农产品追溯系统

以农作物为例,该系统的实施过程如下:

(1)生长时期。幼苗期,一品一码农产品追溯系统在温室内农作物 长出幼苗后,在温室内选择有代表性的农作物(不低于3株),将电子标签 挂在农作物幼苗上,并在温室内安装无线RFID读写设备,定期(如每隔

一周)将采集的环境数据通过RFID读写设备保存到电子标签中。生长期,当操作员通过农业温室监控系统给农作物进行施肥、喷洒农药、灌溉操作时,系统会自动记录操作信息,并将该信息通过RFID读写设备主动发送给电子标签进行保存。

（2）生产加工。当农作物结果并成熟以后,操作员会对其进行初加工,加工人员通过RFID扫描设备自动记录下初加工的时间及操作人,保存到RFID电子标签中。

（3）检测农药残留。进行初加工完毕后,检测人员会对蔬菜作物进行相应的农药残留检测(某批次随机抽样检测),检测后,检测员会把检测信息保存到该系统。

（4）物流信息。当进行农作物蔬菜运送时,需要将RFID标签进行收回,并重置信息(重复使用),一品一码农产品追溯系统自动生成二维码,通过打印机打印后贴在该批次的农作物上。一品一码农产品追溯系统生成二维码的同时,自动将记录的生长环境数据、检测农药残留信息、初加工信息与该二维码自动绑定,物流信息系统管理员可以手工维护物流时间,同时也可以使用手机终端应用或扫描枪实现物流开始时间及到达时间的采集。

（5）消费者扫描。生成的二维码被贴于蔬菜的包装,消费者可以通过手机二维码程序(通用)直接扫描,手机会显示该蔬菜的详细追溯信息,包括生长环境数据、检测农药残留信息等。

二 追溯编码与标识技术

传统追溯(Tracing)是指从供应链下游至上游识别一个特定的单元或一批产品来源的能力,即通过记录标识的方法回溯某个实体来源、用途和位置的能力。见图6-4。

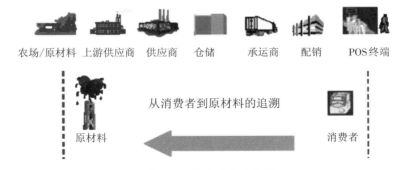

农场/原材料　上游供应商　供应商　　仓储　　承运商　　配销　　　POS 终端

从消费者到原材料的追溯

原材料　　　　　　　　　　　　　　　　　　　　　　　　消费者

图 6-4　传统追溯体系图

追溯编码目前常采用国际编码协会的 EAN·UCC 系统,它是在商品条码的基础上发展而成的全球统一标识系统,又被称为全球统一和通用的商业语言。EAN·UCC 系统由国际物品编码协会(EAN)与美国统一代码委员会(UCC)共同开发和维护,是对全球多行业供应链进行有效管理的一套开放性国际标准。

一般来说,要给每个农产品(例如一个包装牛肉)或一个贸易产品的集合体(例如一箱不同包装的牛肉生鲜产品)分配一个全球唯一的 EAN·UCC 代码,这个代码就是 GTIN。GTIN 不包含产品的任何含义,只是在世界范围内唯一的标识号码。

GTIN 可以由条码表示,经常在超市购物扫描时看到的条码是商品条码 EAN-13,见图 6-5。商品条码的数据结构见《商品条码》(GB 12904-2003)。

6 911234 567891

图 6-5　商品条码示例

图 6-5 中"6911234"为厂商识别代码:EAN 成员组织负责向系统成员(用户)分配厂商识别代码(在中国由中国物品编码中心分配),以确保分

配的厂商识别代码在全球唯一。

"56789"为项目代码:由系统成员,即最终产品的所有者负责分配项目代码。每个不同的贸易项目分配一个唯一的项目代码。

"1"为校验码:校验码是其前面的12位数字按照规定的计算方法计算出的结果,用于扫描条码时自动检查和校验其前面的12位数字的排列是否有错误,确保代码正确地组合。

属性代码与条码、GTIN不包含产品的任何特定信息,只是一个标识代码,是用于进入数据库获取信息的关键字。除GTIN外,还需要产品的属性信息,例如产品的批号、重量、有效期等。假设有某生鲜牛肉产品需要入库,它的EAN / UCC –128条码符号可以用于表示产品标识(GTIN)的附加属性数据信息。例如库位信息、拣货码等。当采用EAN /UCC –128条码符号时,必须采用EAN·UCC应用标识符(AI),EAN·UCC应用标识符决定附加信息数据编码的结构。图6-6的EAN / UCC –128条码符号为表示一个生鲜牛肉产品的示例:

(01) 9871234567 0019 (3102) 003725 (251) NL 21243857

图6-6　牛肉生鲜产品条码示例

图6-6中AI(01)指示后面的数据为全球贸易项目代码(GTIN)。仓库采用具体的GTIN代码98712345670019,表示某块具体的牛肉产品,如排骨、里脊等。第一位数据9表示产品为变量产品(这里指产品的重量是变化的)。

AI(3102)指示产品的净重,这里表示产品质量为37.25千克。

AI(251)指示产品的来源的参考代码,这里表示产品来源的参考代码是NL21243857。

通过这个复合溯源二维码,就能够实现对商品从入库到出库的全流程溯源。哪个环节出现问题都会被及时地发现,这样将会极大地提高分拣效率。复合溯源码实例与GSI编码标准示例见图6-7、图6-8。

复合溯源码

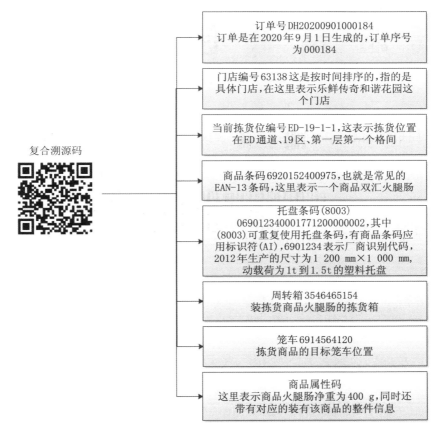

订单号DH20200901000184
订单是在2020年9月1日生成的,订单序号为000184

门店编号63138这是按时间排序的,指的是具体门店,在这里表示乐鲜传奇和谐花园这个门店

当前拣货位编号ED-19-1-1,这表示拣货位置在ED通道、19区、第一层第一个格间

商品条码6920152400975,也就是常见的EAN-13条码,这里表示一个商品双汇火腿肠

托盘条码(8003)
06901234000177120000000002,其中(8003)可重复使用托盘条码,有商品条码应用标识符(AI),6901234表示厂商识别代码,2012年生产的尺寸为1 200 mm×1 000 mm,动载荷为1t到1.5t的塑料托盘

周转箱3546465154
装拣货商品火腿肠的拣货箱

笼车6914564120
拣货商品的目标笼车位置

商品属性码
这里表示商品火腿肠净重为400 g,同时还带有对应的装有该商品的整件信息

图6-7　复合溯源码实例

图6-8　GSI编码标准示例

（三）质量安全预警技术

农产品的质量安全预警技术,是农产品质量状况对食用者健康、安全的保障,即用于消费者最终消费的农产品,不得出现因食品原材料、包装或生产加工、运输、储存、销售等供应链中各个环节上存在的质量问题对人体健康、人身安全造成任何不利的影响,该项技术主要包括生产过程监测预警、品控分级分拣等环节。

首先,生产过程监测预警是对农业生产、经营、管理等全产业链过程中的资源环境要素以及生物本体要素等在不同维度、不同尺度进行特征值提取,经信息流向追踪和数值变化分析模拟,并对农业未来运行态势进行科学预判,提前发布预告,采取防控措施,防范风险发生的全过程。农业监测预警工作与现代农业发展相伴相行,这是由现代农业的高风险性决定的。经过十几年的发展,在广大农业监测预警科技工作者的共同努力下,中国农业监测预警科学在理论基础、关键技术、应用系统等方面均取得了一系列突破,解决了一批重大科学问题和技术难题,推动农业管理方式由事后管理向事前管理转变、由经验管理向科学管理升级。中国的农业监测预警已进入到以信息感知与智能分析为特征的快速发展阶段,成为现代农业的高端管理工具。图6-9是农业农清监测流程示例。

生产维	信息维	经济维
长势长相 ■ 苗情/株高 ■ 叶片颜色 ■ 根系/挂果 ■ 牲畜体征/体重 ■ ……	**数据流** 生产数据 → 收获数据 → 运输数据 消费数据 ← 销售数据	**产品流** 粮食 饲料 猪/牛/羊/禽肉
病情虫情 ■ 病株病症 ■ 虫害程度 ■ ……	**信息流** 生产投入量 农产品产量 农产品价值量 居民营养量/加工用量/损耗量	**产业流** 第三产业 第二产业 第一产业 **价值流** 投入(企业生产) 产出(农民增收) 消费(社会效应)
墒情灾情 ■ 土壤温湿度 ■ 土壤含水量 ■ 降雨量/受灾面积 ■ ……		

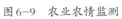
图6-9 农业农情监测

运用农情遥感监测核心技术，其监测内容包括长势监测、种植面积监测和产量预测、复种指数和作物种植结构监测、旱灾监测等在内的全方位农情信息监测，可以规范农业生产过程，科学合理地使用农业投入品，依据相关标准制定生产技术规程，通过科技培训营造食品安全氛围，引导广大农民合理使用农业投入品，并将严格遵守生产规范作为一种自觉行为。推广配方施肥技术和有机肥、复混肥配合使用的原则，按照规程要求正确选用肥料种类、品种、施肥时期和施用量。推广先进的农业综合防治措施防治病、虫、草害，优先采取生物措施、物理措施、防治病虫害，提倡采取农艺、农技措施防治草害，禁止使用高毒、高残留农药防治病虫害。在必要情况下，根据生产情况允许使用植物源、动物源、微生物源及生物农药，限量使用低毒、低残留农药，并严格遵守使用时期、用量、方法及使用安全间隔期。

农业标准化是保证农产品质量安全和监测预警的有效载体，建立标准化示范区、示范基地、示范带，达到以点带面层层深入的效果。示范区内种植户建立田间管理档案，记录生产管理信息、产地环境状况等，并将此信息输入终端及产品信息库。另外，可以通过公司加农户带动生产基地建设，提高农产品生产和加工标准化水平。扶持龙头企业、农民专业合作组织、科技示范户及种养大户等率先实施标准化，以示范的形式，组织带动广大农民实行标准化生产，从源头保障农产品质量安全。

其次，在品控分级分拣方面，根据不同农产品特点，我国在逐步推行产品分级包装上市和产地标识制度，对包装上市的农产品，要标明产地和生产者（经营者），而转基因生物标识管理目录的产品要严格按照转基因生物标识管理规定予以正确标识或标注，例如阿里已经开始推行产地源头分级，其分级流程见图6-10。

图6-10 阿里农产品源头分级流程图

（四）区块链技术

区块链具有分布式存储、不可篡改、可追溯等特征。以农作物为例，通过将种植过程、加工过程、存储过程、运输过程及销售过程中的相关数据上链存储，可以实现农产品从种植到消费的全链条的透明化监管，且相关数据一旦上链，便难以进行篡改，进一步保证了相关数据的真实性和安全性。消费者通过扫描条形码、二维码等身份标识便可以查询农产品的原产地、施肥用药情况、肥料化学成分等核心信息，从而建立了对农产品的信任。同时，在基于区块链的溯源系统中，监管部门作为节点参与其中，由于各个链条的数据被相关责任主体进行数字签名并附上了时间戳，农产品一旦出现质量问题，监管部门可以将责任追溯到相关主体。

区块链技术可以实现从农民到消费者供应链追踪，即可靠的来源和可追溯性，提高透明度，降低食物价值链的复杂性和成本。其他可能的区块链应用还有记录和管理农业土地、农业保险等。

此外，区块链通过共识机制和智能合约，构建了统一的规则体系，打破了各经济主体间的体系壁垒，使得各经济主体能够以较低的成本实现数据的互联互通，有助于加快全国统一的农产品质量安全溯源系统的构

建。目前,农产品安全质量溯源是区块链应用最广泛、技术最成熟的领域之一。农产品供应链领域的区块链应用通常由大型平台主导,而农业金融领域的区块链应用模式分为基于电商数据的区块链金融服务系统和区块链农权抵押借贷系统;区块链在农业保险领域的实践通常以溯源系统为基础。图6-11展示了传统农产品溯源系统和基于区块链的农产品溯源系统的对比区别。

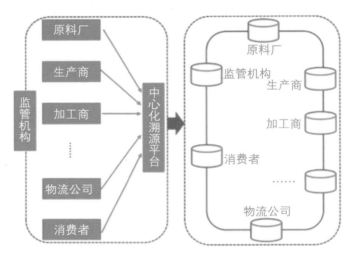

图6-11 传统农产品溯源系统和基于区块链的农产品溯源系统对比

（五）冷链技术

农产品冷链物流需求主要包括水果、蔬菜、肉类和水产品四大类。2019年上述四大类冷链物流规模达到21 370.4万吨,其中水果、蔬菜的冷链需求较大,占比都超过30%。根据中国物流与采购联合会冷链物流专业委员会(简称中物联冷链委)发布的《2019农产品产地冷链研究报告》数据,当前我国果蔬、肉类、水产品的冷藏运输率分别为35%、57%、69%,而发达国家平均冷藏运输率高达90%。国内冷藏运输率低,使得大多数生鲜农产品在运输过程中得不到规范的保温、保湿或冷藏。农产品产地缺乏规范的冷链企业、冷链"断链"问题突出、运输高损耗等是造成我国生鲜农产品冷链物流服务水平普遍低于发达国家的主要原因。

新冠病毒疫情引发全国范围内的农产品滞销,上游生产环节的农产品很难运输到外界;而生鲜宅配需求爆发,加速了冷链物流的普及。越来越多的消费者认识到了冷链的重要性,愿意为冷链成本付费。图6-12展示了农产品产地冷链物流模式。

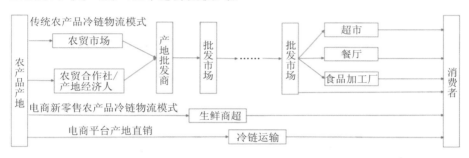

图6-12　农产品产地冷链物流模式

在装卸、搬运、运输、配送等环节中,生鲜农产品重要的品质参数,特别是消费者关注的参数,包括色泽、硬度、味道等都会发生较大的改变。为了做好品质控制工作,需要系统地梳理关键影响因素,并以试验为基础,建立物流作业关键指标与品质参数之间的对应关系,特别是撞击、挤压等重要因素的影响关系,并据此提出品种控制的关键措施。图6-13为农产品产地冷链流通流程。

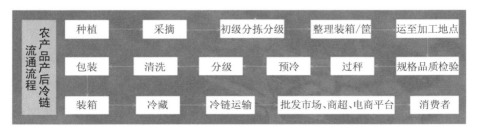

图6-13　农产品产地冷链流通流程

图6-14为生鲜农产品从开始配送到配送结束温度变化数据模拟。

实验将全程时长设定为2.4小时,每隔0.2小时通过温度传感器提取数据进行采集和记录。实验过程分别通过对比配送箱正常制冷和中途制冷系统异常两种情况下食品的温度变化,通过多次模拟配送箱环境和生鲜农产品样本进行温度数据采集,得到以下具代表性的数据折线图。在配送过程中,生鲜农产品会产生大量呼吸热与运动热,导致配送箱内温度上升,在受到制冷系统的控制后,温度出现小幅度变动。此外,装卸生鲜产品过程中,季节天气的变化会对配送箱内温度产生影响。当监测到温度产生大幅度变化或者逐渐升高,超出指标范围,很可能是制冷系统发生异常,生鲜农产品发生了质变。

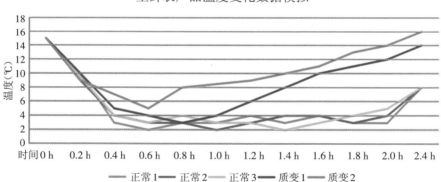

图6-14　生鲜农产品配送途中温度变化

　　生鲜农产品的腐坏变质,主要是由微生物增生、酶的作用、氧化和呼吸作用造成的,温度对以上腐坏因素均具有重要的影响作用。过高温或过低温直接导致了农产品细胞破坏,很大程度上还可能会诱导衰老激素(如乙烯)的大量产生而造成腐坏。在农产品运输、储藏、检测等方面技术研发和应用不断升级,如保鲜技术、智能温控技术、包装技术、智能分拣技术等,持续向好的农产品冷链物流发展趋势呈现智能化、信息化发展趋势。

　　随着绿色物流建设进程的推进,农产品包装绿色化逐渐受到重视,冷链耗材管控将加强,新型冷链包装的研发投入将加大,循环保温箱将逐步取代难降解的泡沫箱,从而减少对环境造成的影响。

对于"冷链物流最后一公里"配送箱,与国内多数采用"冰块+泡沫箱"的冷藏形式不同,冷链保温箱在生鲜的"冷"处理上,使用了低成本高效率的制冷片温控技术、材料和设备,其保温材料经过了测试和迭代升级,同时实时保持对商品、冷媒温湿度、震动、光照的监测与预警,实现了真正的全程"冷链"物流监测体系配送方案,实现了一种为生鲜农产品的物流末端配送、提供质量监控和预警服务的智能冷链配送体系。图6-15为冷链保温箱参数示例。

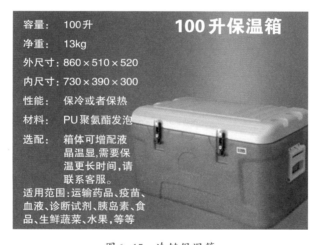

图6-15　冷链保温箱

▶ 第二节　农产品溯源应用案例

一　畜产品质量安全管理与追溯系统集成与应用

2021年以来,农业农村部信息中心面向全社会开展了数字农业农村

新技术新产品新模式征集工作,山东纽澜地何牛食品有限公司的纽澜地"数字牧场"项目获"2021数字农业农村新技术新产品新模式优秀案例"。

山东纽澜地何牛食品有限公司专注于新鲜雪花黑牛、黄牛、山羊的全产业链建设,是从养殖饲料种植到高青黑牛为主的农业畜牧业育种、育肥、屠宰、分割、生产、自建物流体系、销售、产品研发、品牌运营的全产业链龙头企业。企业目前拥有5 000亩(1亩≈666.7平方米,余同)高青黑牛、鲁西黄牛的育种、育肥、屠宰及生产基地,合作养殖户5 000多。以纽澜地为主体承建的"数字牧场",见图6-16,位于山东淄博市高青县唐坊镇,项目占地面积2 000余亩,是纽澜地携手阿里数字农业、盒马鲜生共同打造的数字化智慧大牧场。目前,牧场已经完成了以现代信息技术为依托的产业智能化转型升级,基于数字化改造实现了黑牛育种、生态养殖、屠宰分割、精深加工、智能交易市场、冷链物流、终端配送等环

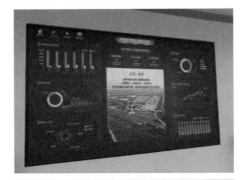

图6-16　纽澜地数字牧场

节的监控管理,建设优质高青黑牛全产业链产业集群。通过追溯体系和数字监控平台,以智能芯片连接ERP,实现一牛一码、一猪一码、一羊一码的智能化、标准化养殖,并与阿里、盒马的追溯系统打通,实现一品一码、一盒一码,方便消费者在终端扫码获取全链路溯源信息。由山东纽澜地何牛食品有限公司生产的"纽澜地"品牌高青黑牛肉,先后成为杭州G20和青岛上合峰会国宴食材。

(二) 蚂蚁区块链平台:高品质五常大米生产基地的流通监管

黑龙江五常大米是"中国地理标志产品",而打着"五常大米"旗号销售假米、五常大米掺杂假米等问题屡见不鲜。为解决五常大米掺假售卖问题,黑龙江五常市政府与阿里巴巴旗下天猫、菜鸟、阿里云及蚂蚁金服达成合作,五常大米引入了蚂蚁金服区块链溯源技术,为五常大米打造了专属"区块链身份证"。见图6-17、图6-18。

用户打开支付宝扫一扫,扫描五常大米的专属"区块链身份证",就可以看到这袋米从种植地、种子信息、施肥情况到物流等全过程的详细溯源记录。而且源头的质量监测由五常市质检部门负责,"一检一码",有效保证了信息的真实性。

具体来说,首先利用物联网技术进行"一物一码"标识,然后将五常大米从种植到消费的全流程信息记录在区块链上,确保了商品的唯一性。同时,从种植到销售,每一环节的参与主体(五常

图6-17 五常大米"区块链身份证"

大米生产商、五常质量技术监督局、菜鸟物流、天猫等)都以自己的身份(私钥)将信息签名写入区块链,信息不可篡改,身份不可抵赖。消费者或监管部门可以从区块链上查阅商品流转过程中的全部信息,从而能够实现"一物一码"的正品溯源。

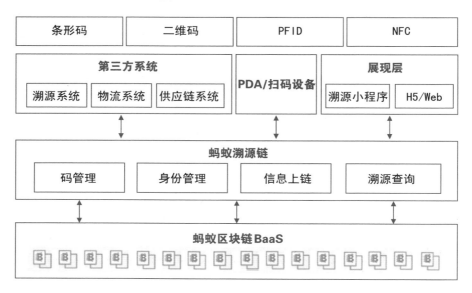

图6-18 蚂蚁溯源链技术架构图

这一张张"身份证"的背后是一个联盟链,链上的参与主体为五常大米生产商、五常质量技术监督局、菜鸟物流、天猫。你可以把它想象为一张完全透明的"身份证",每个参与主体都会在"身份证"上盖一个"戳",所有"戳"都不可篡改、全程可追溯。参与主体之间的"戳"彼此都能看到,彼此能实时验证,假"戳"和其他"戳"的信息就会被立即发现并被查处。

(三) 智慧冷链:打造生鲜农产品一体化冷链物流解决方案

截至2021年3月,国家相关部门相继发布一系列有关冷链物流行业发展的政策法规:《农产品冷链物流发展规划》《物流企业冷链服务要求与能力评估指标》《关于进一步促进冷链运输物流企业健康发展的指导意见》等。中央"一号文件"多次提出要加强农产品物流骨干网络和冷链物流体系建设,为冷链物流企业发展提供了政策支撑和方向,也为我国农产品冷链物流研究提供了理论依据。

在国家政策层面,主要聚焦在冷链物流基础设施建设、冷链物流体系建设、促进农产品流通等方面,极大地促进了国内冷链物流行业发展。新规新标准将快速催生行业迭代,为行业的快速良性发展保驾护航。一方面是完善冷链物流网络布局,推动整合集聚冷链物流市场供需、存量设施以及农产品流通、生产加工等上下游产业资源,提高冷链物流规模化、集约化、组织化、网络化水平,支持生鲜农产品产业化发展,促进城乡居民消费升级;另一方面是不断完善行业管理规范,进一步细化相关法律法规对冷链销售者安全主体责任的相关要求,监管力度逐渐加强,引导冷链企业规范经营,有助于行业长期健康发展。见图6–19、图6–20。

我国城镇化进程还在加速,中产阶级还在扩增,消费者的食品安全意识也在不断提升。京津冀地区、粤港澳大湾区等区域合作步伐在加快,并且生鲜电商带动的国内农产品、冷链食品的产地、加工地和消费市场重塑,冷链需求正在快速增加。中物联冷链委公布的资料显示,2017到2019年,中国冷链物流市场规模持续扩大,年均复合增长率为15.3%。2019年冷链物流行业的市场规模达到3 391亿元,同比增长17.5%。

2020年1月6日,农业农村部办公厅发布《农业农村部办公厅关于做好"三农"领域补短板项目库建设工作的通知》,拟组织建立完善农业农村基础设施建设重大项目储备库,并启动实施农产品仓储保鲜冷链物流设施建设项目。相关政策的出台将加速全国冷链物流基础设施布局,为国内冷链物流发展营造良好的政策环境。

图6-19 智能冷链的可视化监测

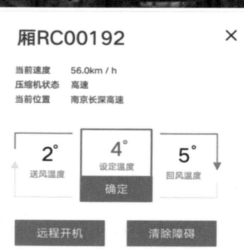

图6-20 数字货舱远程智能温控

随着电子商务的不断发展,生鲜、跨境电商以及OTO(Online To Offline)市场不断扩张,为了顺应城乡居民消费需求的多样化,冷链物流服务水平不断提升,带动冷链企业由单一运输或仓储服务模式向综合冷链物流服务商转变,实现冷链物流模式的创新发展。在冷链物流服务水平方面,基于目前国内的生鲜平均损耗率在10%,是欧美国家的2~3倍,而果蔬、肉类、水产品的冷藏运输率在30%~70%,发达国家高达90%,可以初步预测到2025年国内的生鲜产品的冷链损耗率控制在8%左右的水平,而冷藏运输率预计整体将达到70%的水平。

(四) 水产品追溯系统集成与应用

水产品供应链中有各种加工和包装活动,水产品在送达最终消费者之前可能会经历各种"转化",而且产品需要在不同的包装级别上可追溯。图6-21显示了已标识的主要包装类型及其物理转化,即可上架的鱼由供应商预先包装;托盘包装的鱼已准备好出售,但在商店包装;店内加工的鱼在出售给消费者之前仍然需要最后加工。水产品包装箱示例见图6-22。

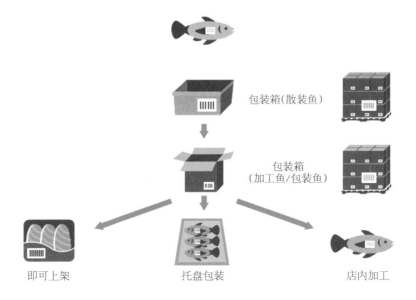

图6-21　水产品追溯对象

供应商商标	1.1 船舶名称 客货船 1.3 生产商名称 传统鱼类加工商 A/S	1.2 船舶 ID 客货船 1.4 生产商 ID 5398888543219	IE 1234 EC
2.1 商业名称 对虾 11/15 雄性——爱尔兰海 2.3 物种代码 NEP	2.4 学名 挪威海螯虾（Nephrops Norvegicus） 2.12 储存温度 -18C°	2.2 产品 ID 95391234503091 2.13 成分 挪威海螯虾、焦亚硫酸钠（E223） 2.14 过敏原 亚硫酸盐	

3.1 批号 **99123456** 　3.2 捕捞日期 2018 年 1 月 11 日　2018 年 1 月 14 日　3.3 生产日期 2018 年 1 月 15 日　3.4 冻结日期 2018 年 1 月 15 日　3.5 最后食用日期 2019 年 1 月 15 日　4.1 质量 **1**　4.2 净重 **12.340**　3.6 生产方法 01-海上捕捞　3.7 渔具 混合渔具　3.8 捕捞区域 27.7 (D) 爱尔兰海、爱尔兰西部、豪猪号浅滩、东部英吉利海峡、西部英吉利海峡、布里斯托尔海峡、北凯尔特海、南凯尔特海、爱尔兰西南部、爱尔兰东部、西南部、西部

(01)95391234503091(3102)001234(10)99123456

图 6-22　水产品包装箱标签示例

近年来,安徽全椒县农业农村部门依托安徽省农业信息化产业技术体系,将互联网、物联网、云计算、大数据等信息技术应用于稻虾生产、仓储、运输、加工、营销全产业链,探索"互联网+"稻虾共作产业化模式,建成全椒特色农业——稻虾共作智慧云平台。云平台分为硬件设备、软件系统和养殖应用三个部分,通过传感器、智能球实时采集水体环境、农田气象和视频信息,开发实时监测、预警提醒、视频监控、远程控制、统计分析、信息溯源和数据查询 7 个系统,实现水质调控、水温水位调节、投料、巡塘智能管理和信息长期存储、查询和追溯,提高稻虾养殖信息化、智慧化水平,促进稻虾产业节本提质、增效、绿色、高质量发展。《全椒稻虾种养环境监测和溯源系统》取得国家计算机软件著作权登记;由安徽省农业信息中心组织、全椒县参与的安徽省《稻田共养生态物联网技术规程》通过专家评审;全椒县"物联网稻虾生态共养产业创新与应用"入选全省十大数字农业主推技术和应用场景,成为智慧农业助推稻虾产业高质量发展的典型案例。

全椒县已经建设 5 处稻虾物联网技术应用示范点和示范基地,远程控制 400 多台增氧设备,在线实时监测虾田水质水体状况,解决水体环境信息实时采集、生产设备科学管理、机器软件部分替代工人等问题,服务农户1 000多户、养虾稻田3万多亩,极大提高了养殖水平。与传统养殖相比,智能养殖小龙虾产量达到330斤/亩,增加10%,成本降低200多元/亩,产值增加900多元/亩,并且小龙虾长得快、长得大、体净肉丰,7钱(1市钱等于5克)以上的约占65%,平均售价增加约1.5元/斤,毛利润增加1 100多元/亩。目前,全椒县稻虾养殖信息化率达46%,促进增收2亿多元。

江苏地处中国沿海东部,湖泊众多,水网密集,现有螃蟹养殖规模近400万亩,养殖户20多万户,25万吨的养殖产量占全国总产量一半以上。此外,江苏知名的螃蟹品牌也越来越多,固城湖、阳澄湖、太湖、洪泽湖等地出产的大闸蟹,组成了阵容庞大的江苏"螃蟹军团"。

尽管在国内市场知名度颇高,但大闸蟹外销市场增速相对缓慢。为了打开外销市场,江苏检验检疫局严格监控出口螃蟹的产品质量,投入200多万元建立了大闸蟹检验检疫研究和培训基地,开展了开放性水域大闸蟹养殖模式研究,确保出口产品符合出口地区的农产品质量规定。

更关键的是,江苏检验检疫部门2021年首次对出口大闸蟹外包装实行了条码管理,确保出口大闸蟹从中转包装场到出境口岸,可以全过程追溯源头,防止不法商贩在运输过程中换货、掺假。

检验检疫部门统计显示,近几年来,江苏螃蟹出口连年增长。2021年截至目前,江苏已向日本、韩国及中国香港、台湾地区等地出口大闸蟹398批、计410吨,与2020年同期相比增长了约15%。在香港地区,来自江苏的大闸蟹占了当地约90%的市场份额。

江苏大闸蟹的优良品质得到了中国香港地区人民的盛赞。江苏检验检疫局有关人士介绍,香港食物环境卫生署署长卓永兴一行曾专程来到江苏,实地探访大闸蟹供港注册养殖场,了解供港大闸蟹养殖监控、质量监管及出口检测等方面的情况,以确保供港大闸蟹的品质、安全合乎

中国香港地区要求。

（五）智运快线打造农产品"最后一公里"

2020世界数字农业大会在广州举办,大会以数字驱动为核心,展示田间到餐桌的农产品品控溯源体系、数字化营销和供应链系统。现代农业如何插上互联网翅膀,实现科技赋能?"八仙过海各显神通"！以智运快线(又称"智慧物流快线")为代表的乡村物流革新技术,畅通了农产品面向市场的"最初一公里",也是电商进村的"最后一公里",提升了县域供应链效率。据了解,智运快线不仅在广东有成熟的实践场景,还正走出省门,利用广州技术,为江西赣州著名的脐橙之乡安远县注入乡村振兴新动能。

智运快线是广东民营科创企业中保斯通集团历经6年自主研发的全球首创新型轻量化小批量、多批次智慧运输系统。智运快线以低空钢索为运输线路,云端系统控制穿梭机器人为运输载体,以县域乡村为应用场景,低空架设自动化运输网络,是我国现行传统物流运输方式的补充。见图6-23。智运快线技术以实现乡村物流运输的无人化、绿色化和智能化为目标,具有投资省、建设快、占用资源少等综合优势,以及"随时发、准时到、速度快、成本低"等特点。行走在空中钢索上的穿梭机器人,将乡村物流这个"点"高效且低成本地连接到镇、县物流"线",从而快速接入全国物流"网",农民可直接享受到"农产品到餐桌畅通无阻"带来的幸福感、获得感。据了解,智运快线运送100千克货物行驶100千米,仅需3~5元电费。

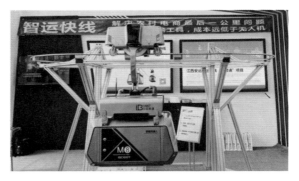

图6-23　智运快线的机器人

参考文献

［1］金瑞,刘伟华,王思宇,等.智慧物流的发展路径与发展模式[J].物流技术,2020(4):5-11.

［2］赵荣,乔娟.农户参与蔬菜追溯体系行为、认知和利益变化分析——基于对寿光市可追溯蔬菜种植户的实地调研[J].中国农业大学学报,2011,16(3):169-177.

［3］付东波,陈峰,杨胜明,等.区块链农产品质量追溯系统的实现与应用[J].农场经济管理,2021(7):19-24.

［4］赵向豪,陈彤,姚娟.基于物联网的新疆特色农产品全产业链质量安全追溯系统研究[J].江苏农业科学,2019,47(16):335-339.

［5］傅泽田,张小栓.生鲜农产品质量安全可追溯系统研究[M].北京:中国农业大学出版社,2012.

［6］徐春,王昭,王东.智慧物流颠覆性创新发展的要素组合研究[J].北京交通大学学报(社会科学版),2021,20(1):105-115.

［7］王亚琴,邱建伟.蛛网感知云智慧物流模型应对百香果销售物流瓶颈[J].商场现代化,2020(16):59-61.

［8］刘伟华,吴文飞,王思宇,等.智慧物流生态链形成动因:基于生态位理论和供应链外包分析的视角[J].供应链管理,2020,1(3):57-68.

［9］霍艳芳.智慧物流与智慧供应链(智能制造系列丛书)[M].北京:清华大学出版社,2020.

［10］王喜富.区块链与智慧物流[M].北京:电子工业出版社,2020.

［11］崔忠付.2020年冷链物流回顾与2021年展望——在第十四届中国冷链产业年会上的讲话[J].中国物流与采购,2020(24):8-9.

［12］孙艳舫.区块链技术在农产品冷链物流管理中的运用[J].中国物流与采购,2021(2):55.

［13］赵丙奇,章合杰.数字农产品追溯体系的运行机理和实施模式研究[J].农业经济问题,2021(8):52-62.

［14］李圣军.农产品追溯的物联网应用模式［J］.中国流通经济,2015,29(10)：7-14.

［15］杨雅萍,姜侯,胡云锋,等."互联网+"农产品质量安全追溯发展研究［J］.中国工程科学,2020,22(4):58-64.

［16］阿布都热合曼·卡的尔,陈茜,申炳豪.基于区块链的生鲜农产品冷链可追溯性研究［J］.佛山科学技术学院学报(社会科学版),2021,39(2):49-56.

［17］陈玥婧,周爱莲,谢能付,等.基于区块链和物联网的农产品质量安全追溯系统［J］.农业大数据学报,2020,2(3):61-67.

［18］刘瑶.基于物联网的农业溯源管理系统的设计与实现［D］.北京交通大学,2019.